建筑工人技能培训教程

混凝土工

本书编委会 编

中国建筑工业出版社

图书在版编目（CIP）数据

混凝土工/本书编委会编. —北京：中国建筑工业出版社，2016.10
建筑工人技能培训教程
ISBN 978-7-112-19871-9

Ⅰ.①混… Ⅱ.①本… Ⅲ.①混凝土施工-技术培训-教材 Ⅳ.①TU755

中国版本图书馆CIP数据核字（2016）第223977号

建筑工人技能培训教程

混 凝 土 工

本书编委会 编

*

中国建筑工业出版社出版、发行（北京海淀三里河路9号）
各地新华书店、建筑书店经销
霸州市顺浩图文科技发展有限公司制版
北京同文印刷有限责任公司印刷

*

开本：850×1168毫米 1/32 印张：3⅜ 字数：89千字
2017年1月第一版 2017年1月第一次印刷
定价：**14.00元**
ISBN 978-7-112-19871-9
（29334）

版权所有 翻印必究
如有印装质量问题，可寄本社退换
（邮政编码100037）

本书是《建筑工人技能培训教程》中的一本。全书共分5章，包括：混凝土施工工艺及机械；混凝土工操作要点；混凝土质量检验；混凝土工应知应会的安全操作要点；冬雨期施工。适合广大建筑施工相关人员阅读使用。

责任编辑：张　磊　范业庶　张伯熙
责任设计：李志立
责任校对：李美娜　焦　乐

本书编委会

主　　编：赵志刚　郁　超
副 主 编：索小永　刘　丰　沈　阳
参编人员：方　园　张海林　赵玉泽　杨　凡　赵雅楠
　　　　　邢志敏　杨　超　杜金虎　张院卫　章和何
　　　　　曾　雄　陈少东　乌兰图雅　操岳林
　　　　　黄明辉　朱　健　李大炯　钱传彬　刘建新
　　　　　刘　桐　闫　冬　唐福钧　娄　鹏　陈德荣
　　　　　陈　曦　艾成豫　龚　聪

丛书前言

国民经济的快速发展带来了建筑业的繁荣，建筑市场的蓬勃发展为我国建筑企业提供了良好的发展前景，然而竞争日趋激烈，企业的竞争就是人才的竞争，而建筑业人才的问题已成为影响和制约我国企业走向国际市场的主要因素。现如今我国建设队伍正面临前所未有的重大发展机遇和挑战，承担着巨大的历史责任，存在建筑工人业务能力不高，专业知识缺乏，而我们所有建设项目的质量决定着我国国民经济的运行质量和资产质量。建立一支规模宏大、素质较高、结构合理的建设人才队伍已成为当务之急，培养一支技术过硬、德才兼备的员工队伍，是新形势下建筑企业面临的一项重要任务。

随着社会的发展和建筑行业的新常态，建筑市场应用型人才受到越来越多的企业青睐。建筑施工技工的数量也急剧增加，在国家提倡多层次办学以及应用型人才实际需要的情况下，根据建筑工程施工职业技能标准，本书编委会特地为高职高专、大中专土木工程类学生、土木工程技术管理人员、建筑从业技工编写的培训教材和参考书籍。

本系列丛书共分9本，根据不同工种职业操作技能，结合在建筑工程中实际的应用，针对建筑工程施工工艺、质量要求、操作方法及工作特点等作了具体、详细的阐述。

本丛书特点：

1. 本书系统地介绍了工人应了解的知识要点和操作方法，以图文并茂的形式展现理论和实践，让初学者快速入门，学而不厌，很快掌握现场施工要点。

2. 本书资料翔实、内容丰富、图文并茂，增加了施工的具体操作及方法，丰富工人的具体技能，适用于各专业工长、技术员以及刚入行或将要入行的人员等。

3. 本书精选施工现场常用的、重要的施工方法等知识要点，着重培养应用型人才，为建筑行业注入活力，提高人员操作水平，提高建筑施工质量，让其在建筑行业的从业者中脱颖而出，成为施工高手。

本丛书在内容上，力求做到简明实用，便于读者自学和掌握，由于学识和经验有限，尽管尽心尽力，但书中难免有疏漏或未尽之处，恳请有关专家和广大读者提出宝贵的意见。

本 书 前 言

随着社会的发展和建筑行业的新常态，建筑市场应用型人才受到越来越多企业青睐。在国家提倡多层次办学以及应用型人才实际需要的情况下，特地为高职高专、大中专土木工程类学生及土木工程技术与管理人员编写的培训教材和参考书籍。

本书共分5章，主要内容有：混凝土施工工艺及机械；混凝土工操作要点；混凝土质量检验；混凝土工应知应会的安全操作要点；冬雨期施工。

通过学习本书，你会发现以下优点：

1. 本书系统地介绍了混凝土工人应了解的知识要点和操作方法，以图文并茂的形式展现理论和实践，让初学者快速入门，学而不厌，很快掌握现场施工管理要点。

2. 严格遵守现行标准规范和图集要求，本书精选了施工现场常用的，重要的施工工艺等知识点。

3. 注重培养应用型人才，为建筑行业注入活力，提高人员操作水平，提高建筑施工质量，让其在建筑行业的从业者中脱颖而出，成为技术高手。

本书由北京城建北方建设有限责任公司赵志刚担任主编，由江苏南通二建集团有限公司郁超担任第二主编；由安徽工程大学索小永、远洋国际建设有限公司刘丰、沈阳担任副主编。由于编者水平有限，书中难免有不妥之处，欢迎广大读者批评指正，意见及建议可发送至邮箱 bwhzj1990@163.com。

目 录

第1章 混凝土施工工艺及机械 ······ 1
1.1 混凝土施工工序 ······ 1
1.1.1 施工工序 ······ 1
1.1.2 人员准备 ······ 1
1.1.3 技术准备 ······ 2
1.1.4 材料准备 ······ 2
1.2 机械与设备 ······ 8
1.3 混凝土振捣设备 ······ 11
1.3.1 振捣设备的分类 ······ 11
1.3.2 内部振捣器 ······ 11
1.3.3 外部振捣器 ······ 12
1.3.4 表面振捣器 ······ 13

第2章 混凝土工操作要点 ······ 14
2.1 混凝土拌合 ······ 14
2.1.1 混凝土搅拌的技术要求 ······ 14
2.1.2 混凝土拌合质量控制及拌合注意事项 ······ 18
2.2 混凝土运输 ······ 18
2.2.1 混凝土运输的质量控制 ······ 18
2.3 混凝土浇筑 ······ 21
2.3.1 准备工作 ······ 21
2.3.2 施工方法 ······ 22
2.3.3 泵送混凝土技术要求 ······ 28
2.4 混凝土振捣 ······ 32
2.4.1 振捣机械选型 ······ 32
2.4.2 振捣要点 ······ 32
2.4.3 振捣收面 ······ 33
2.4.4 质量通病 ······ 33

2.5 混凝土养护 ·· 36
　2.5.1 混凝土洒水养护 ·· 36
　2.5.2 混凝土覆盖养护 ·· 36
　2.5.3 混凝土喷涂养护 ·· 36
　2.5.4 混凝土加热养护 ·· 36
　2.5.5 混凝土养护质量控制 ·· 37

第3章 混凝土质量检验 ·· 39
3.1 混凝土保护层厚度 ·· 39
　3.1.1 混凝土保护层的功能和作用 ······························ 40
　3.1.2 最小厚度要求 ·· 41
　3.1.3 混凝土保护层厚度的检测方法 ························· 41
3.2 混凝土表面裂缝宽度 ·· 42
　3.2.1 混凝土裂缝的分类 ·· 42
　3.2.2 混凝土裂缝形成的主要原因及控制措施 ·········· 45
　3.2.3 控制最大裂缝宽度的目标值 ····························· 46
　3.2.4 混凝土表面裂缝的检测方法 ····························· 46
3.3 混凝土拌合物性能 ·· 47
　3.3.1 混凝土拌合物的主要工作性能 ························· 47
　3.3.2 混凝土取样与试件留置规定 ····························· 47
　3.3.3 案例分析 ··· 49
3.4 实测实量 ··· 50
　3.4.1 实测实量内容 ·· 51
　3.4.2 实测实量操作方法 ·· 52

第4章 混凝土工应知应会的
　　　安全操作要点 ··· 55
4.1 混凝土工进场安全教育 ·· 55
　4.1.1 安全基本知识、法律知识教育 ························· 55
　4.1.2 工程概况、现场安全规章制度与安全纪律
　　　　教育 ·· 56
4.2 混凝土施工安全要点 ·· 58
4.3 混凝土施工险情处置 ·· 60

4.3.1	高处坠落	60
4.3.2	物体打击	62
4.3.3	机械伤害	63
4.3.4	触电	64
4.3.5	架体坍塌	67
4.3.6	火灾和窒息	69
4.4	常用混凝土施工机械安全操作规程	70
4.4.1	磨光机安全操作规程	70
4.4.2	混凝土振捣器安全操作规程	70
4.4.3	混凝土搅拌机安全操作规程	71
4.4.4	砂浆搅拌机安全操作规程	72
4.4.5	混凝土输送泵安全操作规程	72
4.5	泵管冲击对结构安全的影响	74
4.6	混凝土施工事故案例	75
4.6.1	机械伤害事故案例	75
4.6.2	高支模坍塌事故案例	77
4.6.3	坠物伤害事故案例	78
4.6.4	触电事故案例	79
4.6.5	火灾事故案例	80

第5章 冬雨期施工 82

5.1	混凝土冬期施工要点	82
5.1.1	冬期施工期限划分原则	82
5.1.2	冬期施工起止时间	82
5.1.3	冬期施工准备工作	85
5.1.4	混凝土原材、搅拌、运输及浇筑控制	87
5.1.5	几种常用的混凝土冬期施工方法	91
5.2	混凝土雨期施工要点	93
5.2.1	施工准备	93
5.2.2	注意事项	94
5.2.3	防雷	95
5.2.4	防台风	95

第1章 混凝土施工工艺及机械

1.1 混凝土施工工序

1.1.1 施工工序
(1) 采用现场搅拌混凝土的施工工序：

作业准备→原材料计量→混凝土搅拌→混凝土运输→混凝土浇筑及振捣→混凝土收面→混凝土养护。

(2) 采用商品混凝土的施工工序：

商品混凝土搅拌→商品混凝土运输→混凝土浇筑及振捣→混凝土收面→混凝土养护。

1.1.2 人员准备

混凝土浇筑时配置的基本工种见表1-1。通常在浇筑混凝土时还需要木工、钢筋工、安装工的配合。其中木工负责看护模板及其支撑体系，有异常时及时通知混凝土工停止施工；钢筋工负责看护钢筋并将移位的钢筋恢复原状；安装工负责看护安装预埋管线、线盒。

混凝土工人员准备一览表　　　　表1-1

序号	工种	职责
1	泵手	操作地泵并与放灰工、现场指挥密切配合
2	放灰工	控制放灰速度，并与泵手密切配合，防止打空泵或混凝土溢缸
3	耙平工	负责混凝土初步耙平
4	移泵管工	负责拆接泵管和布料机
5	振捣工	负责混凝土振捣密实
6	收面工	负责混凝土收面及覆盖养护

1.1.3 技术准备

混凝土开盘前,由施工员和班组长组织对混凝土工人进行技术交底,明确混凝土强度等级、浇筑顺序、浇筑方法、安全、质量控制要点等,并签字存档。交底时要明确收面标准,对于直接施工防水层的区域收光面,如地下室顶板、屋面等结构,其他部位通常收毛面,具体的以技术交底为准。当涉及图纸等专业性较强的交底时,可在会议室利用投影仪进行交底,交底宜简单明了,语言尽量口语化,让工人知道操作要点即可。见图1-1和图1-2。

图1-1 现场技术交底

技术交底记录		
工程名称		交底部位
交底内容: 1. 墙柱混凝土强度等级为C60,梁板强度等级为C35,浇筑顺序为先浇筑墙柱后浇筑梁板,浇筑过程中严格控制不同强度等级混凝土的浇筑部位。 2. 墙柱连续浇筑,严格要求每层控制在500mm高左右的分层。 3. 混凝土浇筑前应湿润板面并保证梁板内无垃圾、木屑。 4. 合理安排浇筑顺序,如发现混凝土接近初凝,应及时浇筑覆盖。 5. 必须带线控制板面标高及平整度,用磨光机收面。 6. 混凝土浇筑及收面过程中严禁加水。 7. 每台布料机准备3根振捣棒,保证两台振捣棒同时振捣,一台备用,板面混凝土振捣要用平板振捣器		
交底人		技术负责人
被交底人:		

图1-2 交底记录

1.1.4 材料准备

(1)采用现场搅拌混凝土时,应提前根据浇筑方量将水泥、砂、石、掺合料、水等贮备充足。

（2）采用商品混凝土的，应根据搅拌站的供应能力选择搅拌站。混凝土浇筑前应提前报送浇筑计划，让商品混凝土搅拌站有充足的时间准备原材料。

（3）现场配置减水剂，当实测坍落度过小（坍落度小于100mm），表现为混凝土基本不流动，由混凝土班组长及时反馈给现场管理人员进行确认后，由搅拌站试验人员进行调配，严禁向罐车内直接加水二次搅拌。见图1-3。

（4）水平结构混凝土养护一般使用塑料薄膜、棉毡，塑料薄膜覆盖时搭接2～5cm，大体积混凝土、冬期施工时采用棉毡，搭接宽度5cm，注意防火；竖向结构采用喷涂养护液或挂棉毡湿水养护，竖向结构拆模后及时喷涂1～2遍，以满涂、不漏涂为准。雨期施工时应准备彩条布、雨衣、雨鞋等。冬期施工时应准备彩条布、棉被等。（塑料薄膜规格：1m×150m，彩条布规格6m×50m，8m×80m，根据规格和所需面积准备材料。）见图1-4～图1-7。

图1-3 减水剂

图1-4 塑料薄膜

图1-5 棉毡

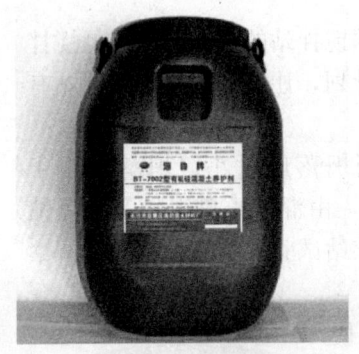 

图1-6 混凝土养护剂　　　　图1-7 彩条布

(5) 作业准备

1) 浇筑前检查墙柱根部是否封堵严密,不严密时用1:2水泥砂浆提前1天进行封堵,砂浆封堵做成高3cm、底宽6cm的三角状,以压住模板1cm为准。见图1-8~图1-10。

 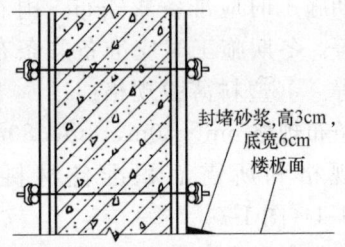

图1-8 墙柱根部压脚板封堵　　图1-9 墙柱根部砂浆封堵示意图

2) 浇筑前应提前浇水湿润模板,均匀洒水,减少混凝土中水分流失,模板面不得有积水,不得向墙柱内冲水,避免柱根积水,浇筑砂浆时水泥和砂分离。见图1-11。

3) 梁板模板内的杂物容易被冲进墙柱内,若墙柱提前合模,垃圾堆积在墙柱内,造成夹渣等质量问题。所以墙柱根部一般预留清扫口,此清扫口在清除杂物后再封闭,浇筑前检查预留清扫口是否封闭,防止流灰。见图1-12。

图1-10 墙柱根部砂浆封堵实景图

图1-11 混凝土浇筑前冲水

4）柱、剪力墙根部、施工缝等部位松散混凝土需剔除干净，剔除浮浆的标准为：露出表层的石子，并清扫干净。混凝土终凝后开始剔凿，禁止在初凝时用钢筋拉毛。见图1-13。

图1-12 柱子预留清扫口

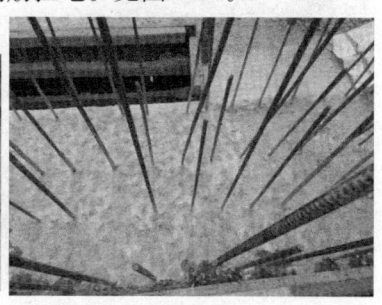
图1-13 接茬部位的根部浮浆剔除

5）地泵提前检查，汽车泵提前联系，汽车泵的臂长根据架设汽车泵的地点和浇筑地点之间的距离选择，尽可能多地覆盖浇筑面。汽车泵常用型号的臂长为42m、45m、48m、50m、52m、56m、60m。见图1-14。

图1-14 汽车泵

6）泵管应在混凝土浇筑前按照施工部署架设完毕并加固牢靠。长期使用的泵管可使用混凝土墩固定，穿楼层泵管可使用井字架固定，穿预留洞口的泵管四周用木方固定，见图1-15～图1-16。

图1-15 混凝土墩固定泵管

图1-16 钢管架体固定泵管

7）放钢筋上部的泵管，泵管下部必须垫上废旧轮胎或木方等缓冲材料，以防止在泵管来回抖动时损坏钢筋，轮胎间距不大于3m（1根泵管长），泵管转角处必须放置轮胎，轮胎数量不足时，可以选用木方代替。见图1-17和图1-18。

图1-17 泵管下垫轮胎

图1-18 泵管下垫木方

8）使用布料机时应提前对布料机下部的模板支架采取加强措施，同时使用缆风绳将布料机与大梁固定牢靠，支腿下垫混凝土垫块，防止板底露筋。见图 1-19 和图 1-20。

图 1-19　布料机缆风绳固定

图 1-20　布料机支腿下垫混凝土垫块

9）提前将混凝土面的标高控制点 1m 做好，由测量员进行打点，用油漆或双面胶带标记，混凝土工查点以便于带线。见图 1-21。

10）在过人通道处铺设马道，以免踩踏钢筋，此马道在混凝土浇筑时随浇随退，钢筋较小时采用钢筋箅子马凳。见图 1-22。

11）为防止泵管接头处漏浆造成对模板的污染，可在浇筑层泵管接头的下面垫上彩条布。工人倾倒堵管的泵管内混凝土时，不能随意倾倒在楼板上，避免形成局部混凝土冷缝。见图1-23。

图1-21 结构1m线

图1-22 施工马道

图1-23 在泵管接头处垫上彩条布

1.2 机械与设备

1. 混凝土施工过程中使用的主要机械与设备见表1-2。

机械设备一览表　　　　表1-2

序号	名称	备注
1	汽车泵	数量根据施工部署确定
2	地泵	数量根据施工部署确定

续表

序号	名称	备注
3	布料机	数量根据地泵数量确定
4	泵管	数量根据布管路线确定
5	混凝土搅拌机	数量根据施工部署确定
6	插入振捣棒	用于结构内部混凝土振捣,长度根据实际情况确定
7	附着式振捣器	用于结构内部混凝土振捣,功率根据实际情况确定
8	表面振捣器	用于厚度较小的楼板混凝土振捣,功率根据实际情况确定
9	配电箱	供给现场施工和照明的临时用电
10	镝灯	夜间照明使用
11	铁锹	将成堆的混凝土铲平
12	拨铲	配合铁锹使用,将混凝土铺摊均匀
13	刮尺	混凝土收面时控制板面平整度
14	汽油振平尺	用于混凝土收面和板面平整度控制(可根据实际情况选择使用)
15	铁抹子	用于混凝土收面
16	搓板	有小搓板和大搓板,小搓板用于小范围的收面,大搓板用于大范围的收面
17	磨光机	用于混凝土面收光或收毛

2. 混凝土施工过程中使用的主要机械与设备实物示意见图 1-24~图 1-34。

图 1-24 地泵 图 1-25 混凝土搅拌机

图 1-26 移动式配电箱

图 1-27 汽油振平尺

图 1-28 镝灯

图 1-29 磨光机

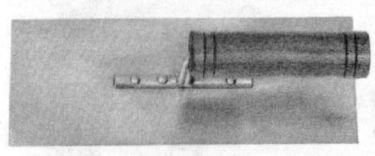
图 1-30 铁抹子

图 1-31 刮尺

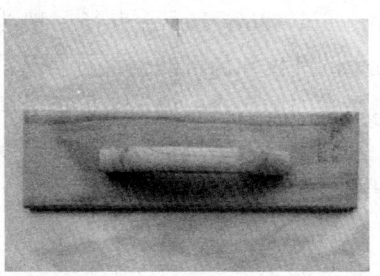

图 1-33　搓板

图 1-32　铁锹

图 1-34　自制大搓板

1.3　混凝土振捣设备

1.3.1　振捣设备的分类

混凝土振捣设备主要分为有内部振捣器、外部振捣器和表面振捣器三类。

1.3.2　内部振捣器

内部振捣器又称插入式振捣器，振捣棒的长度根据浇筑的竖向结构的高度选择。一般适用于大体积、竖向结构、梁混凝土的振捣。见图 1-35。

振捣棒的长度一般为

图 1-35　振捣棒

4m、6m、8m、10m，直径一般为 50mm、30mm，根据浇筑混凝土的部位和浇筑的构件进行选用。在实际操作中应选用低频、振幅大的插入式振捣器来振捣骨料颗粒大而光滑的混凝土。

选用振捣棒长度≥墙柱高＋3m（工人操作长度），保证墙柱根部振捣到位。

混凝土振捣应掌握以下要领：垂直插入、快插、慢拔、"三不靠"等。

（1）快插慢拔，以免在混凝土中留下空隙；

（2）每次插入振捣时间为 20～30s 左右，并以混凝土不再下沉、不出现气泡、开始泛浆为准；

（3）振捣时振捣器应插入下层混凝土不小于 5cm，以便加强上下层混凝土结合；

（4）振捣插入间距通常为 30～50cm，防止漏振；

（5）"三不靠"：一指振捣时不要碰到模板；二指振捣时尽量不要碰到钢筋；三指振捣时不要触碰预埋件。

1.3.3 外部振捣器

外部振捣器又称附着式振捣器，振捣器产生的振动波通过底板与模板间接地传给混凝土。混凝土较薄或钢筋稠密的结构，以及不宜使用插入式振捣器的地方，可选用外部振捣器。见图 1-36。

外部振捣器多用于薄壳构件、空心板梁、拱肋、T形梁、斜屋面的施工。采用外部振捣器振捣混凝土应符合下列规定：

图 1-36　外部振捣器

（1）外部振捣器应与模板紧密相连，设置间距应通过试验确定；

（2）外部振捣器应根据混凝土的浇筑高度和速度，依次从下往上振捣；

（3）模板上同时采用多个外部振捣器时应使各振动器的频率一致，并应交错设置在相对面的模板上。

1.3.4 表面振捣器

表面振捣器是将它直接放在混凝土表面上，振捣器产生的振动波通过与之固定的振捣底板传给混凝土，又称为平板振捣器。钢筋混凝土预制构件厂生产的空心楼板、平板及厚度不大的梁柱构件等，选用振动台效果较好，增加二次振捣，减小内部裂缝。见图1-37。

使用表面振动器振捣混凝土应符合下列规定：

（1）表面振动器振捣应覆盖振捣平面的边角；

（2）表面振动器移动间距应覆盖已振实部分混凝土边缘；

图1-37　表面振捣器

（3）倾斜表面振捣时，应由低处向高处振捣。

第 2 章 混凝土工操作要点

2.1 混凝土拌合

2.1.1 混凝土搅拌的技术要求

1. 混凝土拌合之前,对于施工机械认真检查机械使用、维护以及保养情况,检查应急发电设备是否运行正常。对于混凝土原材料主要检查散装水泥储存数量、强度等级以及批次,粗细骨料是否分类存放,冬雨期施工措施是否落实到位,确保混凝土的拌制和浇筑正常连续进行。见图 2-1。

施工机械设备检验记录

( )进场、(√)过程、( )退场　　　QG/YHS016J02

机械名称	混凝土搅拌站	规格型号	HZS75	出厂日期		检验结果	
	施工机械	机械作业人员进入施工现场是否做作业前检查					
		作业中是否严格执行操作规程和相关安全规章制度,并做好设备使用、维护、保养记录					
		各类机械设备是否定期检查					
	原材料堆放	散装水泥储存罐的数量是否按不同厂家、品种、强度等级、批次分罐保存情况					
		粗骨料是否按分级存放,粗、细骨料存放是否分为合格区和待检区,用隔墙隔开					
		设置明示标志是否符合规定					
		轻型钢结构顶棚的安设情况是否安全					
		是否有冬期和夏期施工措施					
	施工用电	临时用电施工组织设计是否编制并经审批					
		动力和照明线是否分开架设					
		固定电力设备安全防护屏障或网栅围栏、禁止、警告标志是否符合规定					
		临时用电是否符合规定					
		作业人员是否持证上岗,按规定使用劳动防护用品					
		配电箱是否有门、有锁、有防雨措施					
		夜间施工照明设施是否满足施工安全要求					
其他情况				参加人员			

检验结论:( )合格　　( )不合格　　检验负责人:　　　检验日期:

图 2-1　施工机械设备检查记录

2. 商品混凝土搅拌站混凝土拌制

(1) 采用商品混凝土进行拌制，开盘前按试验室提供的施工配合比调整配料系统，拌制中严格按照施工配合比进行配料和称量，并在计算机上做好记录。见图 2-2。

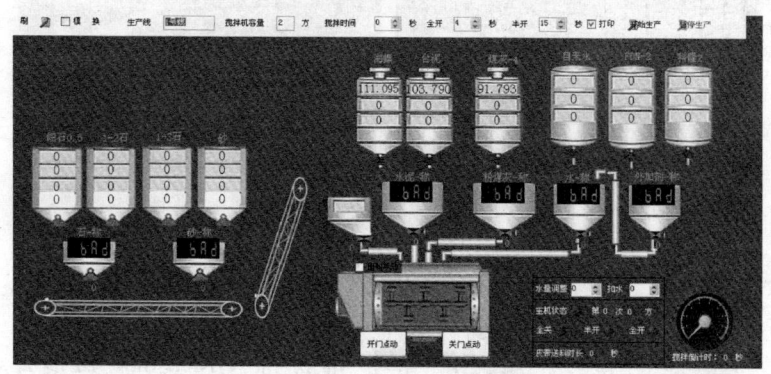

图 2-2　商品混凝土搅拌站配料系统

(2) 大体积混凝土必须提前由各商品混凝土搅拌站进行试配，明确混凝土的坍落度、扩展度、倒置排空时间、水化热、初凝时间、终凝时间等参数。见图 2-3。

3. 现场混凝土拌制

(1) 采用现场搅拌时，提前进行试验室配比以确定施工配合比。换算成每斗车所用原材料用量，现场配置地磅，以备随机抽检。现场搅拌混凝土多用于现场小方量的浇筑，多为填充墙二次结构浇筑。通常搅拌机每斗搅拌 $0.3m^3$，不能满足地泵或汽车泵的浇筑能力。见图 2-4～图 2-6。

图 2-3　测量混凝土扩展度

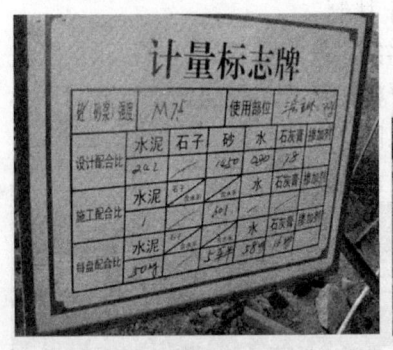

图 2-4 混凝土计量标示牌

图 2-5 搅拌机

图 2-6 罐车过磅抽检

（2）混凝土搅拌时采用二次投料法，投料顺序：全部粉料（水泥和矿物掺合料）和细骨料，至少搅拌 30s→全部水和液体外加剂，搅拌成砂浆，至少搅拌 30s→全部粗骨料，至少搅拌 60s。搅拌时间详见表 2-1。

混凝土搅拌的最短时间（s） 表 2-1

混凝土坍落度（mm）	搅拌机机械	搅拌机出料量(L)		
		<250	250~500	>500
≤40	强制式	60	90	120
>40且<100	强制式	60	60	90
≥100	强制式	60		

注：1. 混凝土搅拌的最短时间系指全部材料装入搅拌筒中起，到开始卸料止的时间；
2. 当掺有外加剂与矿物掺合料时，搅拌时间应适当延长；
3. 当采用其他形式的搅拌设备时，搅拌的最短时间应按设备说明书的规定或经试验确定；
4. 采用自落式搅拌机时，搅拌时间宜延长 30s。

（3）原材料采用 6m×6m 的堆场，四周用砖砌筑，夏季用遮阳网或者遮阳棚遮盖，水泥库房采用封闭式，下部用模板垫高，防止雨水浸泡。见图2-7。

4. 坍落度

泵送混凝土的入泵坍落度不宜小于100mm，对强度等级超过C60的泵送混凝土，其入泵坍落度不宜小于180mm。混凝土在拌合过程中，及时地进行混凝土有关性能（如坍落度、和易性、保水率）的试验与观察。混凝土拌合物稠度应在搅拌地点和浇筑地点分别取样检测，每工作班不少于抽检两次。坍落度的测试方法：用一个上口100mm、下口200mm、高300mm喇叭状的坍落度桶，灌入混凝土分三次填装，每次填装后用捣锤沿桶壁均匀由外向内击25下，捣实后抹平。然后拔起桶，混凝土因自重产生坍落现象，用桶高（300mm）减去坍落后混凝土最高点的高度，称为坍落度。如果差值为100mm，则坍落度为100mm。见图2-8和图2-9。

图2-7 材料堆场

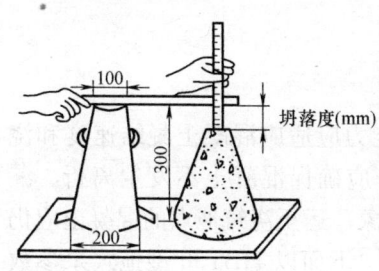

图2-8 坍落度检测原理图

图2-9 施工现场坍落度检测

5. 注意事项：

（1）夏季炎热混凝土使用现抽取的冷水拌制，以降低混凝土的出机温度。

(2)冬季搅拌时,将拌合水加热温度不超过80℃(当水泥强度等级为42.5级以上时最高温度为60℃),以提高混凝土温度。或采取其他措施,以保证混凝土的入模温度不低于5℃,环境负温时,混凝土的入模温度不应低于10℃。

对商品混凝土搅拌站进行搭设温棚保温,必须保证砂石料不受冻、温度在0℃以上,冬期施工时混凝土原材料储备罐包裹棉毡进行保温,保证混凝土拌合前原材料不受冻。见图2-10。

图2-10 砂石保温棚

2.1.2 混凝土拌合质量控制及拌合注意事项

混凝土拌合物出现泌水、离析及坍落度过低预防措施。泌水是指拌合物在浇筑后到开始凝结期间,固体颗粒下沉、水上升,并在混凝土表面析出水的现象。通常采用掺加适量混合材料、外加剂,尽可能降低混凝土水灰比等有效措施。

2.2 混凝土运输

2.2.1 混凝土运输的质量控制

1. 混凝土运输设备的运输能力应适应混凝土凝结速度和浇筑过程连续进行。运输过程中,应确保混凝土不发生离析、漏浆、泌水及坍落度损失过多等现象,运至浇筑地点的混凝土应仍保持均匀性和良好的拌合物性能。下面以HBT90型拖式泵参数进行说明。

每台混凝土HBT90型拖式泵的实际平均输出量

$$Q_1 = Q_{max}\alpha\eta$$

Q_1——每台混凝土泵的实际平均输出量(m³/h);

Q_{max}——每台混凝土泵的最大输出量,取90m³/h;

α——配管条件系数，取 0.8；
η——作业效率，取 0.7；
$$Q_1 = Q_{max}\alpha\eta = 90 \times 0.8 \times 0.7 = 50.4 m^3/h$$
取每台混凝土泵的实际平均输出量：$Q_1 = 50 m^3/h$。

每台混凝土 HBT90 型拖式泵所需配备的混凝土搅拌运输车台数：

$$N_1 = Q_1(60L_1/S_0 + T_1)/60V_1$$

N_1——混凝土搅拌运输车台数；
V_1——每台混凝土搅拌车容量，取 $8m^3$；
S_0——混凝土搅拌运输平均行车速度，取 30km/h；
L_1——混凝土搅拌车往返距离，取 30km；
T_1——每台混凝土搅拌运输车总计停歇时间，取 30min。

$$N_1 = Q_1(60L_1/S_0 + T_1)/60V_1$$
$$= 50(60 \times 30/30 + 30)/60 \times 8$$
$$= 9.375$$

故每台混凝土 HBT90 型拖式泵需配备 10 辆混凝土搅拌运输车。考虑交通拥堵、交通禁行，现场罐车存放场地等其他因素，每台混凝土泵配备运输车辆数为 10～12 辆。当遇交通禁行点时，现场人员应控制浇筑速度，以确保混凝土连续浇筑。

2. 混凝土宜采用内壁平整光滑、不吸水、不渗漏的运输设备进行运输。当长距离运输混凝土时，宜采用混凝土罐车运输；近距离运输混凝土时，宜采用混凝土泵、混凝土吊斗、混凝土手推车运输。见图 2-11～图 2-13。

图 2-11 混凝土运输罐车

图 2-12 混凝土吊斗　　　　图 2-13 混凝土手推车

3. 采用搅拌运输车运送混凝土时,运输过程中宜以 2～4r/min 的转速搅拌;当搅拌运输车到达现场时,宜快速旋转 20s 以上后再将混凝土拌合物喂入泵车受料斗或混凝土料斗中。放料过程中不溢泵、不空泵。见图 2-14。

图 2-14 混凝土罐车放料

4. 标养试件根据每班混凝土浇筑量和浇筑部位留取,每个检验批留样至少 1 组,每个验收批试件总组数,应与所选定的评定方法相适应;采用标准养护的试件,应在温度为 20±5℃ 的环境中静置一昼夜至二昼夜,然后编号、拆模。拆模后放入温度为 20±2℃,相对湿度为 95% 以上的标准养护室中养护,或在温度为 20±2℃ 的不流动的 $Ca(OH)_2$ 饱和溶液中养护。在标准养护室内试件应放在架上彼此间间距为 10～20mm,试件表面保持潮湿,并应避免用水直接冲淋试件。详见图 2-15。

现场浇筑混凝土的同时,应制作同条件养护试块,供拆模和结构实体强度的验收，冬期施工尚应制作临界强度和负温转正温养护的试件。同条件养护试块所对应的结构构件或结构部位，应由监理（建设）、施工等各方共同选定；对混凝土结构工程中的各混凝土强度等级均应留置"同条件养护试块"；同一强

图 2-15 混凝土标准养护

度等级的"同条件养护试块"，其留置的数量应根据混凝土工程量和重要性确定，不宜少于 10 组且不应少于 3 组。"同条件养护试块"脱模后，应放置在靠近相应结构构件或结构部位附近的适当位置，并采用相同的养护方法。为便于保管，施工单位通常将试块装在特制的钢筋笼内并放置在相应的位置。见图 2-16 和图 2-17。

图 2-16 混凝土同条件试块

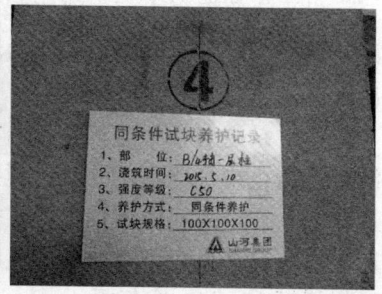

图 2-17 混凝土同条件养护记录

2.3 混凝土浇筑

2.3.1 准备工作

1. 人员准备

人员是施工的保证，在此以一台 HBT90 型拖式泵为例进行人员配备。人员配备详见表 2-2。

人员配备（人） 表 2-2

工种	放灰工泵手	移泵管工	耙平工	收面工	木工、钢筋工、安装工	振捣工
数量	各1	4	2	2~4	各1	2~3

说明：1. 正常一台地泵连续浇筑时间不宜超过16h；
   2. 在交接班时宜安排在布料机移位或泵管移位时。

2. 材料准备

物资部根据工长提报的浇筑计划，联系搅拌站准备充足的混凝土和相应的运输设备。物资计划要提前联系，尤其是大体积混凝土，应至少提前一个星期备料。

3. 机械准备

浇筑前主要准备的施工机具有耙铲、刮尺、铁抹子、铁锹、磨光机、小搓板、振捣棒、木质大搓板、配电箱、布料机、地泵（汽车泵）等。

2.3.2 施工方法

1. 采用商品混凝土搅拌

（1）浇筑混凝土前先浇水湿润模板，防止混凝土水分流失、混凝土麻面出现。同时将板面的浮锈清除干净，防止板底混凝土出现锈迹。见图2-18。

（2）泵送混凝土前，应先用与混凝土原材料相同的水泥砂浆润管，防止泵管堵塞；混凝土搅拌完成后在60min内泵送完毕，且在1/2初凝时间内入泵，并在初凝前浇筑完毕；应保持连续泵送混凝土，必要时可降低泵送速度以维持泵送的连续性，如停泵时间超过15min，应每隔4~5min开泵一次，正转和反转两个冲程，同时开动料斗搅拌器，防止料斗中混凝土离析。见图2-19。

（3）为了新老混凝土的结合，墙柱根部要提前浇筑与混凝土配合比相同的减石子砂浆，禁止将砂浆打到楼板或一根柱子里面，造成板或柱根部强度不足，控制结合面在30mm左右。见图2-20。

（4）混凝土浇筑遵循：先低跨后高跨，先墙柱后楼梯再梁板的原则。竖向与水平交接区域属于竖向结构混凝土强度等级范畴，不可高标低打，最好用钢丝网拦堵。见图2-21。

图2-18 模板洒水湿润

图2-19 泵管湿润

图2-20 墙柱根部浇筑砂浆

图2-21 低跨混凝土浇筑

（5）竖向结构浇筑：不同入泵坍落度的混凝土，其泵送最大高度与坍落度应满足表2-3的规定。

混凝土入泵坍落度与泵送高度关系表　　表2-3

最大泵送高度(m)	50	100	200	400	400以上
入泵坍落度(mm)	100～140	150～180	190～220	230～260	—

实际考虑坍落度损失以及工人操作，一般要求180±20mm，但白天，尤其夏季要增大20mm，达到220mm，再高容易离析。

在浇筑前可对模板、钢筋、即将浇筑地点的基岩和旧混凝土等洒水冷却并使之吸足水分,并在浇筑地点采取遮挡阳光和防止通风等措施。保证新浇筑的混凝土入模温度与邻接的已硬化混凝土或者岩土介质表面温度的温差不得大于15℃。振捣原则：一次浇筑、分层振捣；随浇随振,禁止一次浇满。

(6) 楼梯浇筑：浇筑楼梯混凝土时,混凝土坍落度宜控制在140±20mm左右,楼梯段混凝土自下而上浇筑,分踏步振捣,既不能过振,也不能漏振。若楼梯采用封闭式模板,则应在踏步侧面留洞。底板混凝土与踏步混凝土一起浇筑,不断向上推进。楼梯混凝土宜连续浇筑,以确保楼梯的成型质量。见图2-22。

图 2-22 楼梯混凝土浇筑

(7) 梁板浇筑：浇筑梁板混凝土时,混凝土坍落度宜控制在180mm左右。梁、板混凝土应同时浇筑,浇筑方法由一端开始用"赶浆法"即先浇筑梁,根据梁高分层浇筑成阶梯形,当达到板底位置时再与板的混凝土一起浇筑,随着阶梯形不断延伸,梁板混凝土浇筑连续向前进行。浇筑与振捣必须紧密配合,第一层下料慢些,梁底充分振实后再下第二层料,保持水泥浆沿梁底包裹石子向前推进,每层均应振实后再下料,梁底及梁帮部位要注意振实,振捣时不得触动钢筋及预埋件。振捣时采用插入式振捣棒配合平板振捣器使用。插入式振捣棒采用点振,间距300～500mm,平板振捣器主要用于板厚≤200mm厚的楼板结构,禁止现场用插入式振捣棒拖振楼板,楼板厚度超过200mm时,必须采用插入式振捣棒振捣。对于有水房间楼板强调二次振捣（在混凝土初凝前1h,初凝时的状态为脚踩上有脚印为准）,采用插入式振捣棒振捣。高支模区域在浇筑水平结构混凝土时,采用由中部向四周扩展的浇筑方式,先浇筑梁,再浇筑板,由梁跨中向两端对称进行,大梁（1000mm以上）进行混凝土浇筑时应分层浇筑，每层厚度不超过400mm。见图2-23。

（8）梁板浇筑时，应做好钢筋、安装线管的成品保护，一般现场混凝土浇筑前铺设跳板或者模板作为施工马道，跳板紧缺时可利用钢筋短料焊接成钢筋马道，见图2-24和图2-25。当不可避免有混凝土工人对钢筋、安装线盒进行踩踏，要安排钢筋工看好钢筋，发现钢筋踩踏严重，及时用扎丝绑扎复位；安装工人发现线管与线盒脱落时，及时用补焊或者扎丝绑扎调整。见图2-26和图2-27。

图2-23 梁板混凝土浇筑

图2-24 跳板马道

图2-25 钢筋马道

图2-26 钢筋维护

图2-27 安装管道维护

混凝土标高控制：过程中通过标注在竖向钢筋上的结构 1m 线控制点拉通结构 1m 水平线带线收面，白天带线收面要加密，纵横向及交叉方向各带一次；跨度超过 8m 时，中间可以打"钢筋点"，在梁上焊接 $\phi12$ 长 1.5m 钢筋，钢筋上打 1m 线点。晚上扫平仪收面，为方便通常扫平仪架设高度为 1m，边收面边用 PVC 塑料管抄标高，减少振捣偏差。见图 2-28 和图 2-29。

图 2-28 混凝土带线收面

图 2-29 夜间扫平仪收面

（9）水下混凝土浇筑：水下混凝土浇筑时应保证建筑的连续性，为保证混凝土连续浇筑，现场应配备发电机或者备用电源，且配备的发电机或者电源应满足现场连续施工最低用电容量的需要。常见水下混凝土浇筑方式有导管法、泵压法、开底容器法、模袋法。各种施工方法适用范围详见表 2-4。

各种施工方法适用范围　　　　　　　　表 2-4

施工方法	适用范围
导管法	水下普通混凝土、水下自密实混凝土、水下不分散混凝土、防渗墙混凝土
泵压法	水下普通混凝土、水下自密实混凝土、水下不分散混凝土、防渗墙混凝土
开底容器法	水下普通混凝土、水下自密实混凝土、水下不分散混凝土
模袋法	水下普通混凝土、水下自密实混凝土

施工条件具备时，水下混凝土可采用混凝土搅拌车、溜槽、溜筒等直接灌注方法。水下混凝土浇筑应满足如下要求：

1) 混凝土浇筑时应填充到各个角落，浇筑完的水下混凝土表面应平整。

2) 当水下混凝土需要抹平时，应待混凝土表面自密实和自流平终止后进行。

3) 当水下混凝土表面露出水面后需要继续浇筑普通混凝土时，应将露出水面的顶部混凝土劣质层清除。

4) 水下混凝土浇筑完成后与水接触面保持静水养护14d以上。

(10) 其他部位混凝土浇筑

1) 钢管混凝土浇筑常规方法有从管顶向下浇筑及混凝土从管底顶升浇筑。不论采用何种方法，对于底层管柱在浇筑混凝土前，应先灌入100mm厚的同强度等级的水泥砂浆，以便和基础混凝土更好的连接，也避免了浇筑混凝土时发生粗骨料弹跳现象。采用分段浇筑管内混凝土且间隔时间超过混凝土终凝时间时，每段浇筑混凝土前，都应采取灌水泥砂浆的措施。当采用粗骨料粒径不大于25mm的高流态混凝土或粗骨料粒径不大于20mm的自密实混凝土时，混凝土最大倾落高度不宜大于9m，倾落高度不宜大于9m时应采用串筒、溜槽、溜管等辅助装置进行浇筑。

2) 悬挑构件混凝土浇筑时应遵循先浇筑悬挑构件根部混凝土，后浇筑悬挑构件混凝土，以保证悬挑构件根部率先起到锚固作用，混凝土浇筑时应保证连续浇筑，严禁出现冷缝。

3) 后浇带或施工缝在施工前，结合面应采用粗糙面，并将结合面处浮浆、松散石子、软弱混凝土层清理干净，洒水湿润。填充后浇带的混凝土可采用微膨胀或低收缩混凝土，混凝土强度等级应比原结构混凝土强度等级提高一级，从施工缝处开始浇筑混凝土时要注意避免直接靠近缝边下料。机械振捣前，宜向施工缝处逐渐推进，并距80～100cm处停止振捣，但应加强对施工缝接缝的捣实工作，使其紧密结合，混凝土浇筑完毕后，须保持14d以上的湿润养护。

4) 特殊部位采用吊斗浇筑混凝土时，每吊斗一般 0.5m³ 方左右，要控制好浇筑的时间，防止罐车内混凝土过了初凝时间，另外吊斗出口到承接面的高度不得大于 2m。吊斗底部的卸料活门应开启方便，并不得漏浆。吊斗一般适用于高标号竖向框柱混凝土浇筑，或者斜屋面、屋面花架梁以及少量翻边等混凝土浇筑。见图 2-30。

图 2-30 料斗浇筑混凝土

5) 采用现场搅拌：小方量浇筑楼板同商品混凝土浇筑方式。现主要介绍一下二次结构混凝土浇筑。二次结构混凝土可选用小型浇筑泵进行浇筑，构造柱上端预留喇叭口以便浇筑。见图 2-31 和图 2-32。

图 2-31 构造柱喇叭口

图 2-32 二次结构浇筑泵

2.3.3 泵送混凝土技术要求

(1) 首先混凝土工要了解施工部署，减少施工冷缝的发生。

尤其是地下室浇筑时，外墙禁止出现冷缝。遵循"从短边向长边"浇筑的原则，浇筑墙体混凝土应连续进行，间隔时间不应超过混凝土初凝时间。为避免楼板出现冷缝，采用塔吊进行接料。见图2-33。

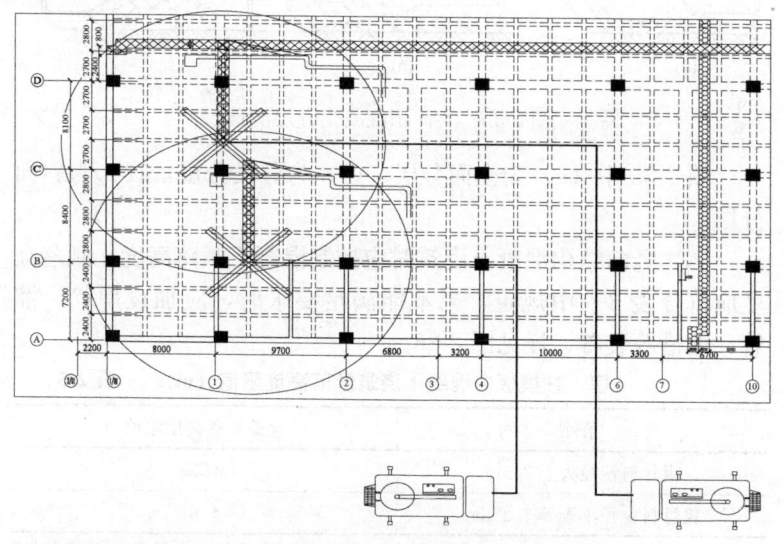

图2-33　布料机布置

（2）基底为非黏性土或干土时，应浇筑垫层；基底为岩石时，应加以润湿，并铺一层厚20～30mm的水泥砂浆，然后于水泥砂浆凝结前浇筑第一层混凝土。基底为砂土时应提前洒水湿润。垫层浇筑采用小型振捣器进行振捣，图2-34。

（3）大体积混凝土应分层进行浇筑，不得随意留置施工缝。其分层厚度（指捣实后厚度）应根据搅拌机的能力、运输条件、浇筑速度、振捣能力和结构要求等

图2-34　砂土层洒水湿润

条件确定，但最大摊铺厚度不宜大于 400mm，泵送混凝土的摊铺厚度不宜大于 600mm，见图 2-35。

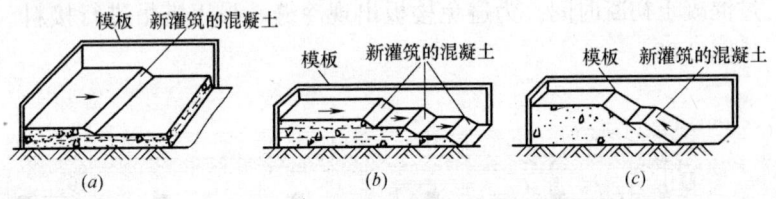

图 2-35 大体积混凝土分层浇筑

图 2-35 中（a）为全面分层，（b）为分段分层，（c）为斜面分层。

（4）竖向结构混凝土浇筑时应控制混凝土倾落高度，倾落高度应符合表 2-5 中规定，当不能满足要求时，应加设串筒、溜管、溜槽等装置，详见图 2-36。

墙、柱模板内混凝土浇筑倾落高度限值（m）　　　表 2-5

条件	浇筑倾落高度限值
粗骨料粒径大于 25mm	≤3
粗骨料粒径小于等于 25mm	≤6

注：当有可靠措施能保证混凝土不产生离析时，混凝土倾落高度可不受表 2-5 限制。

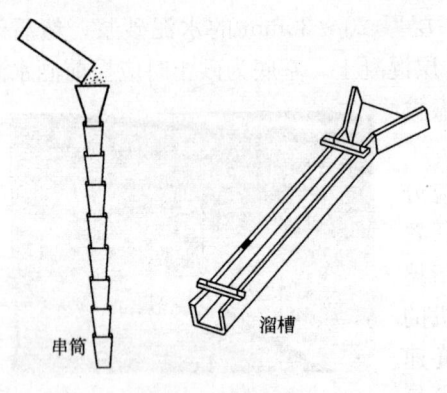

图 2-36 串筒溜槽

（5）混凝土浇筑应连续进行。突降大雨时，随浇随覆膜，彩条布遮挡；停料，启用备用搅拌站或按规范留置施工缝，施工缝的位置应设置在结构受剪力较小和便于施工的部位，一般根据受剪力情况来说，柱应留水平缝，梁、板、墙应留垂直缝,见图2-37;停电时,现场要备用一台200kW的发电机;混凝土即将初凝,塔吊补料接槎。见图2-38。

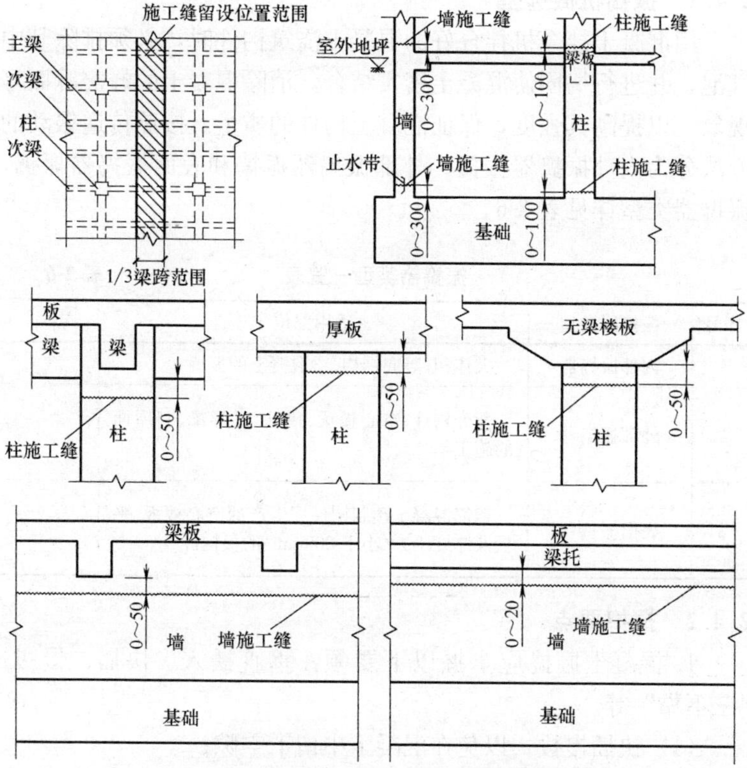

图2-37 现浇混凝土结构施工缝常见留设位置

图2-38 应急发电机

2.4 混凝土振捣

2.4.1 振捣机械选型

用混凝土拌合机拌合好的混凝土浇筑构件时，必须排除其中气泡，并进行捣固使混凝土密实结合，消除混凝土的蜂窝麻面等现象，以提高其强度，保证混凝土构件的质量。按照传递振动的方法分为内部振捣器振捣、外部振捣器振捣和表面振捣器振捣。振捣器类型详见表2-6。

振捣器类型一览表　　　　表2-6

序号	振捣器类型	适用部位	备注
1	内部振捣器	大体积、竖向结构、梁混凝土的振捣	—
2	外部振捣器	薄壳构件、空心板梁、拱肋、T形梁、斜屋面的施工	—
3	表面振捣器	钢筋混凝土预制构件厂生产的空心楼板、平板及厚度不大（小于200mm）的板构件	—

2.4.2 振捣要点

1.混凝土振捣应掌握以下要领：垂直插入、快插、慢拔、"三不靠"等。

（1）快插慢拔，以免在混凝土中留下空隙；

（2）每次插入振捣时间为20～30s左右，并以混凝土不再下沉，不出现气泡，开始泛浆为准；

（3）振捣时间不宜过久，太久会出现砂与水泥浆分离，石子下沉，并在混凝土表面形成砂层，影响混凝土质量；

（4）振捣时振捣器应插入下层混凝土不小于5cm，以便加强上下层混凝土结合；

（5）振捣插入间距通常为30～50cm，防止漏振；

（6）采用平板振动器时，平板振动器的作业间距应保证振动器的平板覆盖已振实混凝土的边缘。

2. "三不靠":一指振捣时不要碰到模板;二指振捣时尽量不要碰到钢筋;三指振捣时不要触碰预埋件。

2.4.3 振捣收面

1. 楼梯踏步收面应随浇筑随收面,因为此处的混凝土坍落度较小,收面不宜过迟。用搓板配合铁抹子进行收面后覆盖塑料薄膜。见图2-39。

2. 板收面搓平后使用磨光机收面。混凝土振捣完成后,应及时修整、抹平混凝土裸露面,待定浆后再抹第二遍并压光或拉毛。可以采用磨光机控制工人上料时间,使钢筋不易露筋。抹面时严禁洒水,并防止过度操作影响表面混凝土的质量。在寒冷地区受冻融作用的混凝土和暴露于干旱地区的混凝土,更要注意施工抹面工序质量。见图2-40。

图2-39 楼梯覆膜养护

图2-40 板面混凝土磨光机收面

2.4.4 质量通病

混凝土结构质量通病一览表见表2-7。

混凝土结构质量通病一览表　　　　表2-7

类别	问题照片	预防措施
烂根	梁柱根部烂根	模板根部设置压脚板（九夹板套模周圈满设，100，定位桩）

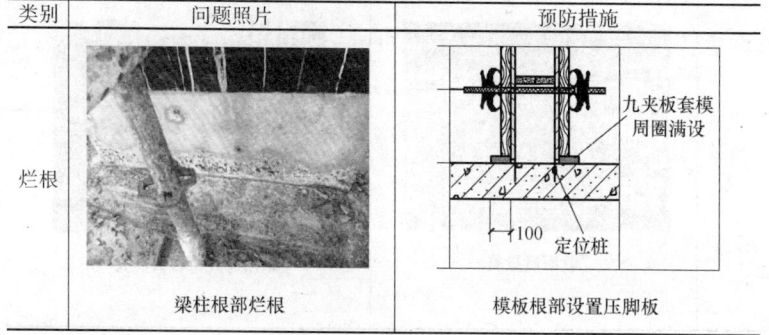

续表

类别	问题照片	预防措施
麻面	梁柱结构表面麻面	规范墙柱振捣工作
露筋	梁侧露筋	过程敲打模板加强振捣效果
收面质量差	收面质量差	采用磨光机收面压光

续表

类别	问题照片	预防措施
胀模	墙柱接槎处胀模	临边模板标准化加固
表面裂缝	混凝土表面干缩裂缝	二次收面压光
缺棱掉角	竖向结构缺棱掉角	柱角成品保护
夹渣	梁底夹渣	吸尘器清理垃圾

2.5 混凝土养护

混凝土养护应根据施工温度、湿度及后道工序等来选择。一般用塑料薄膜或塑料薄膜＋夹心棉。

2.5.1 混凝土洒水养护

在平均气温高于＋5℃的自然条件下，对混凝土表面覆盖、浇水养护，使混凝土在一定时间内保持水化作用所需要的适当度和湿度条件。覆盖浇水养护在混凝土浇筑完毕后的12h以内进行，当日平均气温低于5℃时，不得浇水。见图2-41。

2.5.2 混凝土覆盖养护

采用不透水、不透气的薄膜布养护。用薄膜布把柱表面敞露的部分全部严密的覆盖起来，保证混凝土在不失水的情况下得到充足的养护。养护时必须保持薄膜布内有凝结水。见图2-42。

图 2-41 混凝土板面洒水养护　　图 2-42 板面覆盖养护

2.5.3 混凝土喷涂养护

薄膜养生液养护是将可成膜的溶液喷洒在混凝土表面上，溶液挥发后在混凝土表面结成一层薄膜，使混凝土表面与空气隔绝，封闭混凝土中的水分不再被蒸发，而完成水化作用。见图2-43。

2.5.4 混凝土加热养护

采用暖棚法加热养护混凝土，暖棚应坚固、不透风，靠内墙宜采用非易燃性材料。在暖棚中用明火加热时，须特别加强防火、防煤气中毒等措施；暖棚内宜保持不得低于5℃，且保持一定的湿度，当湿度不足时，应向混凝土面及模板上洒水，也可以在煤炉上烧水增加暖棚内湿度。见图2-44。

图2-43 混凝土喷涂养护　　　　图2-44 混凝土暖棚法养护

2.5.5 混凝土养护质量控制

1. 楼板洒水养护夏期一天四次，春秋时节一天两次，冬期低于5℃不洒水，以楼面潮湿为准。

2. 竖向采用晚拆模进行养护。拆完模板后，框柱立即进行缠绕塑料薄膜养护，墙体刷养护液养护，墙体也可采用挂草帘进行养护。见图2-45。

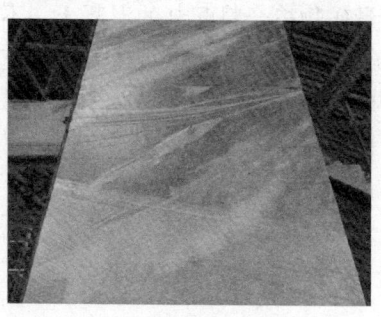

图2-45 柱面覆膜养护

3. 混凝土养护期间应注意采取保温措施，防止混凝土表面温度受环境因素影响（如曝晒、气温骤降等）而发生剧烈变化。

养护期间混凝土的芯部与表层、表层与环境之间的温差不宜超过20℃（截面较为复杂时，不宜超过15℃）。大体积混凝土施工前应制定严格的养护方案，控制混凝土内外温差满足设计要求。见图2-46和图2-47。

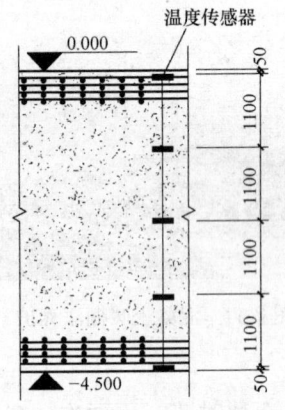

图2-46 测温导线安装示意图　　图2-47 测温导线安装实物图

4. 混凝土终凝后的持续保湿养护时间与配合比中是否掺有矿物掺合料、水胶比、大气湿度、日平均温度等有关，养护时间不得少于7d，大体积混凝土的养护时间不宜小于28d。采用缓凝型外加剂、大掺量矿物掺合料配制的混凝土，不应少于14d；抗渗混凝土、强度等级C60及以上的混凝土，不应少于14d；后浇带混凝土的养护时间不应少于14d；当日最低温度低于5℃时，不应采用洒水养护。

第3章 混凝土质量检验

3.1 混凝土保护层厚度

混凝土保护层厚度指混凝土结构最外层钢筋（箍筋、构造筋、分布筋等）外边缘至混凝土表面的距离。

见图 3-1～图 3-4。

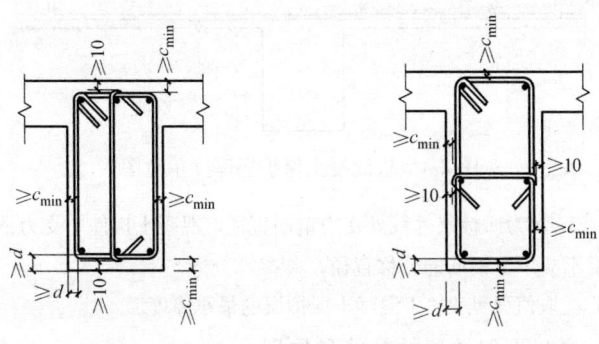

图 3-1 梁混凝土保护层厚度示意图

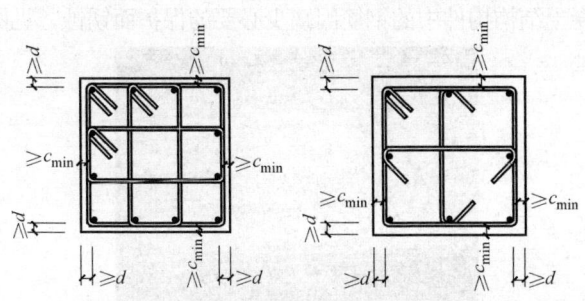

图 3-2 柱混凝土保护层示意图

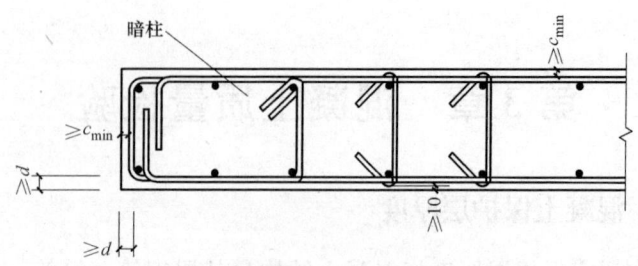

图 3-3 剪力墙混凝土保护层厚度示意图

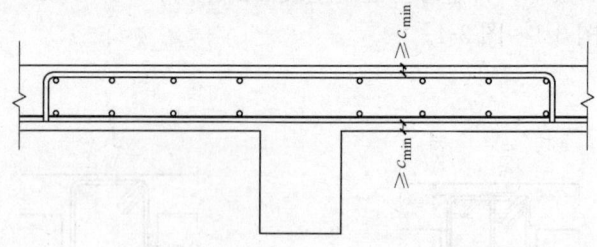

图 3-4 板混凝土保护层厚度示意图

注：1. d 为所标尺寸线处受力钢筋直径，混凝土构件中受力钢筋的保护层厚度不应小于钢筋的公称直径；

2. C_{min} 取值详见表 3-1 混凝土保护层的最小厚度。

3.1.1 混凝土保护层的功能和作用

混凝土保护层的主要功能和作用就是保护钢筋不锈蚀，避免混凝土结构的承载力因为钢筋锈蚀而降低。当混凝土保护层厚度过小时，混凝土结构构件中的钢筋因缺少必要的保护而锈蚀，见图 3-5。

图 3-5 保护层厚度过小致使钢筋锈蚀

在火灾中构件不会失去支撑能力,保证人员有足够的时间进行逃生。火灾中的混凝土见图3-6。

3.1.2 最小厚度要求

混凝土保护层厚度越大,构件的受力钢筋粘结锚固性能、耐久性和防火性能越好。但是,过大的保护层厚度会使构件受力后产生的裂缝宽度过大,就会影响其使用性能。混凝土保护层的最小厚度 C_{min} 见表3-1。

图 3-6 火灾中的钢筋混凝土

混凝土保护层的最小厚度 C_{min} (mm)　　　　表 3-1

环境类别	板、墙	梁、柱
一	15	20
二 a	20	25
二 b	25	35
三 a	30	40
三 b	40	50

注:混凝土保护层厚度在一般设计中都是采用最小值的。

3.1.3 混凝土保护层厚度的检测方法

事前检测:通常柱采用塑料垫块或水泥垫块,墙采用水泥内撑,板钢筋采用塑料或水泥垫块,底板和梁因钢筋重量大,需采用混凝土垫块进行保护,见图3-7和图3-8。

图 3-7 墙、柱挂设混凝土垫块

图 3-8 板面垫块、马镫铺设到位

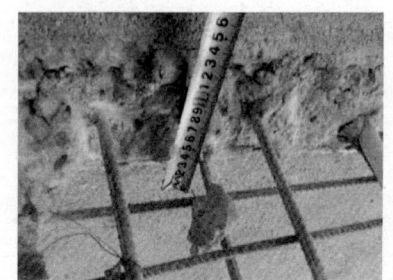

图 3-9 保护层破损检测方法

事后检测：钢筋保护层厚度的检测，可采用非破损或局部破损的方法，也可采用非破损方法并用局部破损方法进行校准。当采用非破损方法检测时，所使用的检测仪器应经过计量检验，检测操作应符合相应规程的规定。见图 3-9～图 3-11。

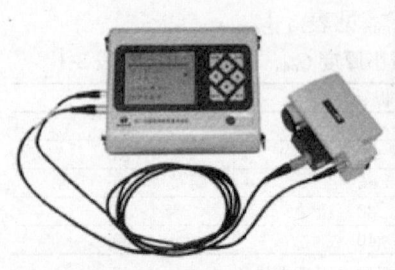

图 3-10 钢筋保护层厚度测定仪

图 3-11 钢筋保护层厚度现场检测

3.2 混凝土表面裂缝宽度

3.2.1 混凝土裂缝的分类

混凝土裂缝大体有以下几种：

1. 干缩裂缝

干缩裂缝多出现在混凝土养护结束后的一段时间或是混凝土浇筑完毕后的一周左右。干缩裂缝的产生主要是由于混凝土内外水分蒸发程度不同而导致变形不同的结果。见图 3-12。

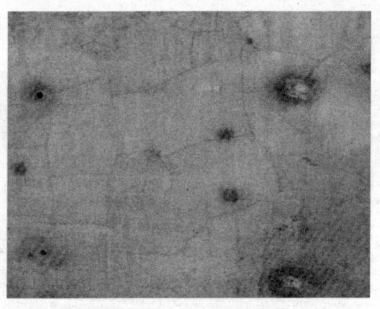

图 3-12 墙面干缩裂缝

干缩裂缝通常会影响混凝土的抗渗性，引起钢筋的锈蚀影响混凝土的耐久性，在水压力的作用下会产生水力劈裂影响混凝土的承载力等。混凝土干缩主要和混凝土的原材料、施工、环境因素等有关。图 3-13 所示为混凝土板面开裂形成渗水通道。

图 3-13 混凝土板面开裂形成渗水通道

2. 塑性收缩裂缝

塑性收缩是指混凝土在凝结之前，表面因失水较快而产生的收缩。塑性收缩裂缝一般在干热或大风天气出现，其产生的主要原因为：混凝土在终凝前几乎没有强度或强度很小，或者混凝土刚刚终凝而强度很小时，受高温或较大风力的影响，混凝土表面失水过快，表面呈现龟裂。

3. 沉降裂缝

沉降裂缝的产生是由于结构地基土质不匀、松软，或回填土不实或浸水而造成不均匀沉降所致。或者因为模板刚度不足，模板支撑间距过大或支撑底部松动等导致，特别是在冬季，模板支撑在冻土上，冻土化冻后产生不均匀沉降，致使混凝土结构产生裂缝，见图 3-14。地基变形稳定之后，沉降裂缝也基本趋于稳定。

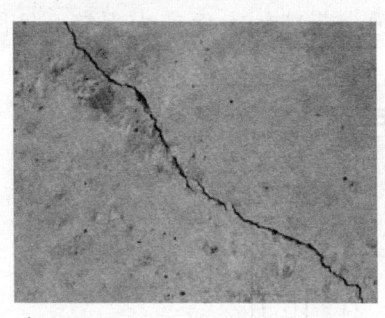

图 3-14 不均匀沉降楼板拉裂

4. 温差裂缝

温差裂缝多发生在大体积混凝土表面或温差变化较大地区的混凝土结构中。混凝土浇筑后，水泥水化产生大量的水化热聚积在混凝土内部而不易散发，导致内部温度急剧上升，而混凝土表

图 3-15 大体积混凝土温度裂缝

面散热较快,这样就形成内外的较大温差,较大的温差造成内部与外部热胀冷缩的程度不同,使混凝土表面产生一定的拉应力。当拉应力超过混凝土的抗拉强度极限时,混凝土表面就会产生裂缝,见图 3-15。通常大体积温差控制在内表温差在 25℃ 以内,表外温度在 20℃ 以内。此种裂缝的出现会引起钢筋的锈蚀、混凝土的碳化,降低混凝土的抗冻融、抗疲劳及抗渗能力等。

5. 荷载裂缝

地基沉陷、结构超载或结构主筋位移减小了断面有效高度,都会引起裂缝。另外混凝土施工浇灌完成以后,经凝结硬化以后逐渐产生强度,但早期混凝土的强度是很低的,不应受到荷载的作用。通常由于工期紧,楼板刚达到上人强度时,材料就吊至楼板上,有时集中材料集中堆放,荷载较大而产生裂缝,见图 3-16。

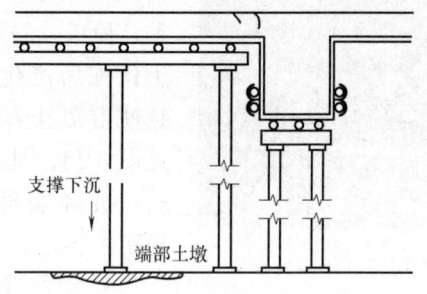

图 3-16 施工时的混凝土楼板早期裂缝

6. 化学反应引起的裂缝

包括碱骨料反应引起的裂缝和钢筋锈蚀引起的裂缝。见图

3-17。

混凝土拌合后会产生一些碱性离子，这些离子与某些活性骨料产生化学反应并吸收周围环境中的水而体积增大，造成混凝土酥松、膨胀开裂。这种裂缝一般出现在混凝土结构使用期间，一旦出现很难补救，因此应在施工中采取有效措施进行预防。

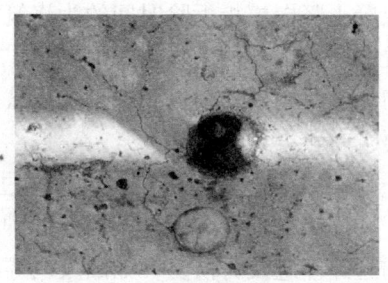

图 3-17 碱骨料反应裂缝

3.2.2 混凝土裂缝形成的主要原因及控制措施

1. 模板及其支撑不牢固，产生变形或局部沉降

控制措施：混凝土施工前应与木工班组做好交接检查，对局部模板及支撑不牢固部位应提前上报班组长与值班管理人员，及时进行加固处理。

2. 混凝土和易性不好，浇筑后产生分层，出现裂缝

控制措施：现场浇筑混凝土时发现混凝土和易性不好，如坍落度过小或混凝土离析等，应立刻停止浇筑并及时上报班组长与值班管理人员，要求商混站试验室人员现场查看并进行相应调整（添加外加剂等），如无法调整，应对该车混凝土做退场处理。

3. 养护不及时引起裂缝

控制措施：混凝土浇筑后应及时进行保湿养护，如进行洒水养护，应在混凝土终凝后（能上人）及时进行，并保证混凝土在养护期内处于湿润状态；如采取覆盖养护，塑料薄膜应紧贴混凝土裸露表面，塑料薄膜内应保持有凝结水，保证混凝土处于湿润状态。

4. 拆模过早，引起开裂

控制措施：竖向模板拆除应在混凝土强度达到能保证其表面及棱角不因拆模而受损坏。一般在气温25℃以上时，C20以上

混凝土竖向模板拆除时间约为浇筑完成后一天，否则应随着气温及混凝土强度的下降，拆除时间作相应延长；混凝土梁、板底模的拆除时间则应根据同条件试块试压强度而定，当试压强度满足要求时，方可拆除。

5. 冬期施工时拆除保温材料过早，温差过大，引起裂缝

控制措施：冬期施工保温养护过程中派专人看护覆盖情况，如遇破坏应及时恢复；如因放线等不可抗拒原因，应在放线完成后及时恢复。

6. 混凝土初凝后又受扰动，产生裂缝

控制措施：采用地泵浇筑时，泵管应用架体或其他方式支起，严禁直接放置在钢筋上，避免因泵管振动造成混凝土扰动开裂；混凝土施工缝剔凿必须等混凝土有一定强度后方可进行，判定方法为用錾子剔打，混凝土成块即可。

7. 构件受力过早或超载引起裂缝

控制措施：混凝土浇筑完成后24h内严禁堆载钢管、木枋等材料，堆载材料时应保证材料分散均匀，不得成堆。

3.2.3 控制最大裂缝宽度的目标值

钢筋混凝土结构构件的最大裂缝宽度限值是保证结构构件耐久性的设计目标值，详见表3-2。

最大裂缝宽度限值　　　　　表3-2

环境类别	一	二(a,b)	三(a,b)
最大裂缝宽度限值(mm)	0.30 (0.40)	0.20	0.20

注：如有防水要求，则混凝土结构表面裂缝的宽度不得大于0.2mm，且不得贯通。

3.2.4 混凝土表面裂缝的检测方法

用肉眼或刻度放大镜观察实体结构表面是否存在非外力裂缝。当混凝土表面出现非外力裂缝时，普通混凝土结构表面的裂缝最大宽度不得大于0.20mm，预应力混凝土结构不得出现结构性裂缝。图3-18为裂缝宽度检测仪器。

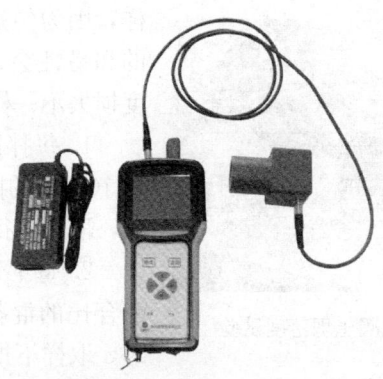

图 3-18 裂缝宽度检测仪器

3.3 混凝土拌合物性能

3.3.1 混凝土拌合物的主要工作性能

混凝土拌合物的性能包括和易性、凝结时间、塑性收缩和塑性沉降等。

和易性：混凝土拌合物的和易性又称工作性，它是一项综合的技术性质，包括流动性、黏聚性和保水性等三方面的含义。

流动性：混凝土拌合物在自重力或机械振动力作用下易于产生流动、易于运输和易于充满混凝土模板的性质。

黏聚性：混凝土拌合物在施工过程中保持整体均匀一致的能力。好的黏聚性可保证混凝土拌合物在运输、浇灌、成型等过程中，不发生分层、离析，保证硬化后混凝土内部结构均匀。

保水性：混凝土拌合物在施工过程中保持水分的能力。保水性好可保证混凝土拌合物在输送、成型及凝结过程中，不发生大的或严重的泌水，既可避免由于泌水产生的大量的连通毛细孔隙，又可避免由于泌水，使水在粗骨料和钢筋下部聚积所造成的界面粘结缺陷。保水性对混凝土的强度和耐久性有较大的影响。图 3-19 为混凝土坍落度试验。

3.3.2 混凝土取样与试件留置规定

混凝土现场取样以浇筑点进行取样，不能在罐车放料口取

图 3-19 混凝土坍落度试验

样,因为经过泵管后混凝土的和易性会发生变化,坍落度损失不一样。

1. 每拌制 100 盘且不超过 $100m^3$ 的同配合比的混凝土,取样不得少于一次;

2. 每工作班拌制的同一配合比的混凝土不足 100 盘时,取样不得少于一次;

3. 当一次连续浇筑超过 $1000m^3$ 时,同一配合比的混凝土每 $200m^3$,取样不得少于一次;

4. 每一楼层、同一配合比的混凝土,取样不得少于一次;

5. 每次取样应至少留置一组标准养护试件,同条件养护试件的留置组数应根据实际需要确定。

混凝土试块制作方法如下:

1. 试块制作前,应检查试模尺寸并符合《普通混凝土力学性能试验方法标准》GB/T 50081—2002 的规定,试模尺寸通常为 150mm×150mm×150mm,或者为(100mm×100mm×100mm),试模内表面应涂一层矿物油或其他不与混凝土发生反应的脱模剂,见图 3-20。

2. 同一组试料应从同一盘混凝土或同一车混凝土取样,一般在同一盘混凝土或同一车混凝土约 1/4~3/4 处随机取样,从第一次取样到最后一次取样不要超过 15min。

3. 向试模中倾倒混凝土时,要注意将粒径过大的骨料及混杂在其中的杂物等拣出。

图 3-20 混凝土试块制作

采用人工插捣成型时,混凝土拌合物应分两层装入模内,每层装料厚度大致相等。插捣按螺旋方向从边缘向中心均匀进行。插捣底层时，插捣棒应达到试模底部；插捣上层时，插捣棒应贯穿上层后插入下层20~30mm；插捣时插捣棒要保持垂直，每层插捣次数不少于12次。在插捣过程中，还要用抹刀沿试模内壁插拔数次，排出气泡防止试件表面产生麻面。

采用振动台成型时，混凝土拌合物一次装入试模，试模固定在振动台上，振捣持续至表面泛出水泥浆为止。

采用插入式振捣棒成型时，混凝土拌合物一次装入试模，用直径为25的插入式振捣棒，插入试模振捣时，振捣棒距试模底板10~20mm，振捣至表面泛出水泥浆时，将振动棒徐徐向上拔起，一般振捣时间为20s。

4. 混凝土试块成型后应立即用不透水的薄膜覆盖表面，以防止水分蒸发，尤其是在干燥天气。混凝土试件制作后如果没有立即覆盖而失水，会影响试件的早期1d、3d甚至28d强度值。

采用标准养护的试块，应在温度为20℃±5℃的环境中静置一昼夜至两昼夜，进行编号并在混凝土表面标上"混凝土强度等级、成型日期及工程部位"，然后拆模，拆模时要轻拿轻放，防止混凝土试块出现缺棱掉角和表面裂纹。拆模后应立即放入温度为20℃±2℃，相对湿度为95%以上的标准养护室中养护，或在温度为20℃±2℃的不流动的$Ca(OH)_2$饱和溶液中养护，标准养护室内的试件应放在支架上，彼此间隔10~20mm，试件表面应保持潮湿，并不得被水直接冲淋。

采用同条件养护的试件，同条件养护试块的拆模时间可与实际构件的拆模时间相同，拆模后应放置在靠近所对应部分的适当位置，并采取与之完全相同的养护方法，要防止混凝土试件的混杂、丢失、破损。

检验方法：检查施工记录及试件强度试验报告。

3.3.3 案例分析

1. 泵送混凝土的和易性问题

现象：某高架桥桥台采用泵送混凝土。因该混凝土保水性较差，泌水量大，大量水泥稀浆从模板缝中流出，拆模板后可见桥台混凝土集料裸露。

原因分析：泵送混凝土要求的坍落度较大，不仅要有较大的流动性，而且还要有较好的保水性及黏聚性，才可保证工程质量。

2. 集料含水量波动对混凝土和易性的影响

现象：某混凝土搅拌站用的集料含水量波动较大，其混凝土强度不仅离散程度较大，而且有时会出现卸料及泵送困难，有时又易出现离析现象。

原因分析：由于集料，特别是砂的含水量波动较大，使实际配比中的加水量随之波动，加水量不足导致混凝土坍落度不足，水量过多时则坍落度过大，混凝土强度的离散程度亦就较大。当坍落度过大时，易出现离析。若振捣时间过长坍落度过大，还会造成"过振"。

3. 碎石形状对混凝土和易性的影响

现象：某混凝土搅拌站原混凝土配方均可生产出性能良好的泵送混凝土。后因供应的问题进了一批针片状多的碎石。当班技术人员未引起重视，仍按原配方配制混凝土，后发觉混凝土坍落度明显下降，难以泵送，临时现场加水泵送。

原因分析：

（1）混凝土坍落度下降的原因。因碎石针片状增多，表面积增大，在其他材料及配方不变的条件下，其坍落度必然下降。

（2）当坍落度下降难以泵送，简单地现场加水虽可解决泵送问题，但对混凝土的强度及耐久性都有不利影响，且还会引起泌水等问题。

3.4 实测实量

实测实量是指应用测量工具，如尺、秤、量杯、温度计、压力计以及电子、量子、光学仪器等工具通过实际测试、丈量而得到的能够真实反映物体属性相关数据的一种方法。

3.4.1 实测实量内容

混凝土工程的实测实量一般分为以下三方面：
(1) 截面尺寸偏差；
(2) 表面平整度；
(3) 墙体垂直度。

实测实量工具

混凝土工程实测实量常用工具有以下几种（图 3-21～图 3-26）：

图 3-21 激光扫平仪

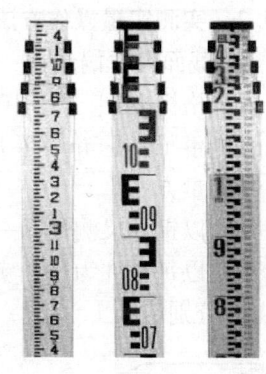

图 3-22 塔尺

图 3-23 激光测距仪

图 3-24 钢卷尺

图3-25 靠尺

图3-26 楔形塞尺

3.4.2 实测实量操作方法

1. 截面尺寸偏差

【合格标准】[-5, 10]mm

【测量工具】5m钢卷尺

【测量方法】

1)以钢卷尺测量同一面柱截面尺寸,精确至毫米;

2)以每个柱为一个实测区,累计实测两个侧面作为2个计算点,分别记为1、2尺;

3)每个面从地面向上30cm和150cm各测量截面尺寸1次,选取其中与设计尺寸偏差最大的数,作为判断该实测指标合格率的1个计算点。

【图形演示】见图3-27。

2. 表面平整度

【合格标准】[0, 8]mm

【测量工具】2m靠尺、楔形塞尺

【测量方法】

1)剪力墙/暗柱:选取长边墙,任选长边墙两面中的一面作为1个实测区。

2)同一面墙4个角(顶部及根部)中取左上及右下2个角

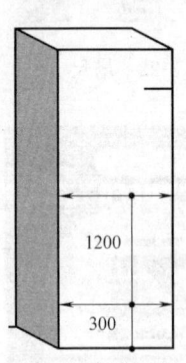
图3-27 图形演示

按45°斜放靠尺,累计测2次表面平整度,这2个实测值分别作为该指标合格率的2个计算点,记为第1、3尺。

3)在墙面中间离地约20cm处平放靠尺,测一次平整度,作为一个计算点,记为第2尺。

4)当所选墙长度大于3m时,还需在墙长度及高度中间水平放靠尺测量1次表面平整度,作为一个计算点,记为第四尺。

5)墙面有门窗、过道洞口的,在各洞口45°斜交测两次,更大值作为判断实测指标合格率的1个计算点,记为第5尺。

6)小于600混凝土柱及剪力墙短向可以不测表面平整度。

【图形演示】见图3-28。

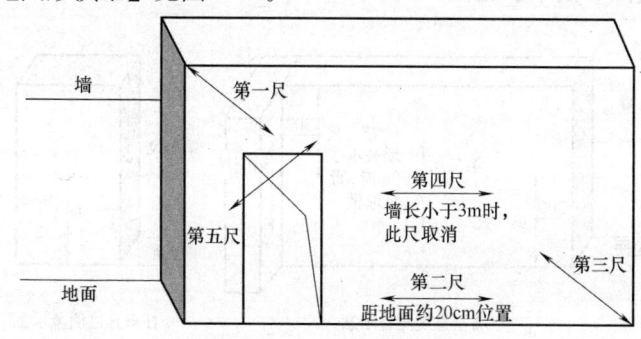

图3-28 平整度测量示意
(注:第五尺仅用于有门洞墙体)

3.墙体垂直度

【合格标准】[0,10]mm(适用于层高≤6m的墙、柱)

【合格标准】[0,12]mm(适用于层高>6m的墙、柱)

【测量工具】

1)剪力墙:分别在长墙方向选择一面进行测量三(二)次,针对L形及T形剪力墙,在短墙方向选择内面测量一次。

2)同一面墙距两端头竖向阴阳角约30cm位置,分别按以下原则实测2次:一是靠尺顶端接触到上部顶板位置时测1次垂直度,二是靠尺底端接触到下部地面位置时测1次垂直度。混凝土墙体洞口一侧为垂直度必测部位。这2个实测值分别作为2个

53

计算点，记为第1、3尺。

3）当墙长度大于3m时，在墙长度中间位置靠尺在高度方向居中时增测1次垂直度，也作为一个计算点，记为第2尺。

4）短墙方向在墙高度及宽度中间位置测量一次，作为1个计算点，记为第4尺。

混凝土柱：任选混凝土柱四面中的两面，分别将靠尺顶端接触到上部混凝土顶板和下部地面位时各测1次垂直度。这2个实测值分别作为判断该实测指标合格率的2个计算点，记为第1、2尺。

【图形演示】见图3-29。

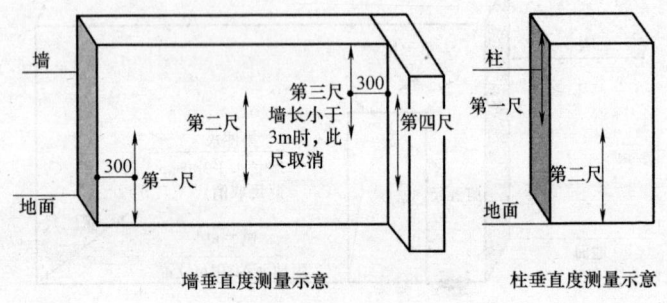

图3-29 墙、柱垂直度测量示意图

第4章 混凝土工应知应会的安全操作要点

4.1 混凝土工进场安全教育

4.1.1 安全基本知识、法律知识教育

1. 安全基本知识教育

安全生产是施工中的头等大事,我国的安全生产方针是"安全第一、预防为主、综合治理"。所有人员必须遵守"三不伤害"原则,即:不伤害自己、不伤害他人、不被他人伤害。

建筑业主要存在"五大伤害":高处坠落、触电事故、物体打击、机械伤害、坍塌事故。作业人员应严格遵守有关法律、法规和安全操作规程,服从现场安全管理,防止安全事故的发生。见图4-1。

图4-1 建筑业五大伤害

2.《安全生产法》有关规定教育

第四十五条:生产经营单位的从业人员有权了解其作业场所和工作岗位存在的危险因素、防范措施及事故应急措施,有权对本单位的安全生产工作提出建议。

第四十六条:从业人员有权对本单位安全生产工作中存在的问题提出批评、检举、控告;有权拒绝违章指挥和强令冒险作业。

第四十七条:从业人员发现直接危及人身安全的紧急情况时,有权停止作业或者在采取可能的应急措施后撤离作业场所。

第四十九条:从业人员在作业过程中,应当严格遵守本单位

的安全生产规章制度和操作规程,服从管理,正确佩戴和使用劳动防护用品。

第五十条:从业人员应当接受安全生产教育和培训,掌握本职工作所需的安全生产知识,提高安全生产技能,增强事故预防和应急处理能力。

第五十一条:从业人员发现事故隐患或者其他不安全因素,应当立即向现场安全生产管理人员或者本单位负责人报告;接到报告的人员应当及时予以处理。

4.1.2 工程概况、现场安全规章制度与安全纪律教育

1. 工程概况告知

由于工人刚刚进场,还未熟知现场情况。此时必须有专职的安全员对工人进行工程概况讲解,告知工人现场的危险区域,主要包括以下几点:

(1)起重吊装作业区域:易发生材料吊装坠落,人员行走时要走安全通道、防护棚区域,不要走在露天区域;见图4-2。

图4-2 塔吊等起重机械吊装作业区域

(2)"四口五临边"区域:四口是指:楼梯口、电梯口、预留洞口、通道口;五临边是指:沟、坑、槽、基坑周边,楼层周边,楼梯侧边,平台或阳台边,屋面周边。电梯井栏杆防护为1.8m,其余为1.2m,防护形式有钢管防护、定型化栏杆防护等。见图4-3和图4-4。

(3)易燃品堆放区域:混凝土施工中常见的易燃物有棉毡,棉毡应在易燃品堆放区堆放,方便存储和防火。堆放区设置在有消防栓的位置,并在堆防区放置灭火器。见图4-5。

(4)具有一定危险性的施工机械作业区域:见图4-6。

图 4-3 四口五临边区域

图 4-4 高处坠落

图 4-5 混凝土养护用棉毡

图 4-6 搅拌机棚

2. 现场安全纪律教育

（1）所有进入现场的人员，必须戴好安全帽，系好帽带。

（2）施工人员不准穿拖鞋、高跟鞋、硬底鞋，不准赤脚。

（3）2m 以上高处作业必须佩戴好安全带。

（4）施工作业前不准饮酒。施工现场不准吸烟，以免发生火灾。

（5）高处作业时，不准将工具、材料、垃圾等向下抛掷。

（6）非电操作人员及其他特殊工种人员，严禁无证操作现场的各种机械设备和机具。

（7）施工照明，设备电源的安装和拆除，必须由专职电工操作，任何人不得私自安、拆。

（8）现场安全防护设施及消防设施，以及安全标志、警示牌，不准任意移动或拆除。

（9）现场不许生火取暖，不许烤电炉或用碘钨灯取暖。

（10）上下同一立面禁止同时施工作业。

（11）做好现场文明施工，当天作业当天清理杂物、垃圾。

（12）用好安全防护用品做好职业病防治。

（13）做好成品保护工作，禁止破坏成品、半成品。

（14）凡违反上述规定者，安全员按《安全生产奖惩实施细则》予以处罚。表现好的施工队伍、个人，安全员将给予奖励。

3. 安全技能知识教育

（1）不能戴破损、劣质安全帽，佩戴安全帽必须系好帽带，否则当人体坠落时，安全帽会脱落，头部将受伤。

（2）2m以上作业必须系安全带，不系安全带作业是违法行为。使用时，高挂低用。

（3）使用机械设备时，必须戴绝缘手套，以免触电。使用旋转机械严禁戴手套，以免手部受伤。

（4）现场当天动火、电焊必须当天办理《动火证》，并有灭火器。

（5）电器起火，严禁使用水灭火。

4.2 混凝土施工安全要点

（1）浇灌框架梁、柱混凝土时，要注意观察模板支架情况，发现异常及时报告。

（2）在浇灌结构边沿的柱、梁混凝土时，外部应有护栏或安全网等必要的安全措施；若缺失，应在作业前通知安全管理人员，待搭设完成后才能进行作业。

（3）使用振动棒时应穿戴防护用品，用装有漏电保护的开关箱，开关箱应架空放置；下班后，棒手应该用热水洗澡，尤其要用热水浸泡双手，以消除震动给人体带来的危害。

（4）服从安全管理，遵守项目安全规章制度。

（5）工人在使用小型施工机具或自带电动工具前，应请电工检查合格后，方可使用。严禁破皮、无接头等不正常使用，以免发生危险。碘钨灯外壳应接零。

（6）严禁工人擅自操作配电箱、乱接乱拉电线。服从电工的管理。

（7）每天作业前要对加工机械进行检查，机械不得带病作业，非操作人员不得私自修理。

（8）各班组要做好班前教育活动，并有详细记录。

（9）地泵出现故障时，应有专业维修人员进行维修，维修时需断电并停止运转。

（10）汽车泵应保证支撑稳定，不得在支撑不稳时进行作业。

（11）浇筑临边洞口时，必须有可靠的防护措施；扶泵管人员须有可靠的立足点；倒退时，注意看身后，以免掉进洞口从临边跌落。

（12）浇筑人员采取轮班制，不得长时间作业，适当休息，以免在精神不集中时发生伤亡事故。

（13）吊装泵管时，绑扎牢固。

（14）若采用布料机浇筑，在进行布料机维修时，需佩戴安全带，布料机在浇筑前就必须进行固定，至少有四根钢丝绳固定。

（15）高层施工时，楼梯间必须确保有足够的照明，以防止施工人员上下楼层时摔倒受伤。见图4-7。

图4-7 楼梯间照明

4.3 混凝土施工险情处置

4.3.1 高处坠落

1. 说明

当混凝土工浇筑楼层边梁时，若无安全防护，易发生临边坠落事故；当混凝土工在风井、烟道等较大预留洞口附近浇筑楼层混凝土时，若洞口未做封闭，易从洞口坠落事故。当浇筑独立的柱时，若操作人员未佩戴安全绳，易发生坠落事故。

2. 处置办法

（1）当施工现场发生高处坠落事故时，目击者应高声呼出，并拨打120急救电话，同时也要通知离出事地点最近的管理人员。离出事地点最近的管理人员应迅速赶到出事地点，对事故情况迅速做出初步判断，承担临时指挥应急抢救工作，电话通知120马上赶到现场；电话通知时，应准确地说明事故地点、时间、受伤程度和人数。

（2）应急救援应根据高处坠落高度的不同情况采取不同的应急救援措施：

从楼面的临边洞口中掉到泥土面、混凝土地面，坠落高度超过3m以上的，伤势一般是较严重的，第一时间应拨打120求救电话，并马上派人到工地的大门口等候120的到来。由引路者直接带到出事地点，避免延误时间。并迅速对现场进行警戒、维持秩序，掉到地面的，出事地点的20m范围要停止作业，疏散人员，无关人员不得围观或远观，特别是要防止脚手架上或临边的其他作业人员的围观，派专人对坠落口进行看护，避免二次事故的发生。

从楼面的临边洞口中掉到架体内的防护层上、电梯井内的水平安全网上或其他水平安全防护层上时，应急小组负责人应迅速对掉落人员的受伤情况做出判断，如有必要时第一时间拨打120求救电话，并马上派人到工地的大门口等候120的到来，由引路者直接带到出事地点，避免延误时间。并迅速对现场进行警戒，并维持秩序。掉落地点的同一层的所有作业要马上停止，并由相关的施工员带相应的作业人员离开作业面，并安排专人对作业人员做一个简要说明，以班组为单位有序地从楼梯式脚手架的安全通道上撤到地面，直接由各自的班组长带回生活区，不得在现场围观或逗留；并由保安队长指派保安员对掉落者进行专人看护，避免二次事故的发生。

在掉落地点抢救难度大的受伤人员，首先应被转移至平台上方便救治。因此应急救援领导人必须召集已在现场的医生和项目技术支持组一起确定转移方案。

3. 现场临时救治措施

（1）高处坠落事故发生后，在120赶到前，现场医生要对当事者进行及时的必要治疗。现场抢救的重点应放在对休克、骨折和出血等几种情形上。120赶到后，要在120医生指导下尽快把伤者抬到救护车上，再由120医生在车上继续对受伤者进行必要的救治，尽快送医院进行抢救治疗，避免延误抢救的时间。

（2）首先由现场医生观察伤者的受伤情况、部位、伤害性质，如伤员发生休克，应先处理休克。对呼吸、心跳停止者，应立即进行人工呼吸，胸外心脏按压。处于休克状态的伤员要让其安静、平卧、少动，并将下肢抬高约20°。

如高处坠落者出现颅脑外伤，如伤者神志清醒，则先想办法止血；如处在昏迷状态，则在止血的同时必须维持昏迷者的呼吸道通畅，要让昏迷者平卧，面部转向一侧，以防舌根下坠或分泌物、呕吐物吸入，发生喉阻塞。

如高处坠落者出现骨折，比如手足骨折，不要盲目搬运伤者。应在骨折部位用夹板把受伤位置临时固定，使断端不再移位或刺伤肌肉、神经或血管。固定方法：以固定骨折处上下关节为原则，可就地取材，用木板、竹竿等，在无材料的情况下，上肢可固定在身侧，下肢与无骨折的下肢缚在一起，然后再用硬板担架搬运。偶有凹陷骨折、严重的颅底骨折及严重的脑损伤症状出现，创伤处用消毒的纱布覆盖伤口，用绷带或布条包扎后，及时

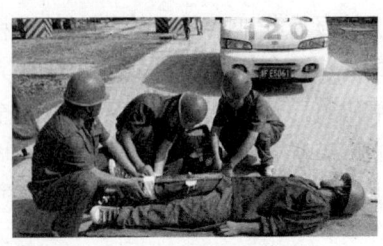

图 4-8 骨折的处理办法

送医院治疗。见图 4-8。

发现脊椎受伤者,创伤处用消毒的纱布或清洁布等覆盖伤口,用绷带或布条包扎后。搬运时,将伤者平卧放在硬板担架上,严禁对伤者的两肩与两腿或单肩背运,避免受伤者的脊椎移位、断裂造成截瘫或导致死亡,从而造成二次伤害的发生。见图 4-9 和图 4-10。

图 4-9 现场急救

图 4-10 用担架转移

4.3.2 物体打击

1. 说明

施工现场已发生的物体打击伤害主要有:①布料机倒塌伤害;②泵管爆管溅射伤害;③吊装物坠落伤害。

2. 处置办法

(1) 布料机倒塌伤害

利用塔吊等起重机械将布料机吊起,切记不可盲目组织人手进行搬运,防止对受伤人员造成二次伤害。首先检查受伤人员情况、部位、伤害性质,如伤员发生休克,应先处理休克。对呼吸、心跳停止者,应立即进行人工呼吸,胸外心脏按压。处于休克状态的伤员要让其安静、平卧、少动,并将下肢抬高约 20°。

(2) 泵管爆管溅射伤害

发生此类伤害时，首先检查受伤人员的受伤部位，若有溅射物嵌入身体的，切记不可盲目拔出。若受伤部位出血严重，应采取紧急包扎措施，防止受伤人员失血过多。见图4-11。

（3）吊装泵管时坠物伤害

在吊运泵管和布料机时，若钢丝绳绑扎不牢靠，可能发生吊装物坠落伤人。当坠物较轻时，事故发生地点周围的人员应当立即组织起来，搬出受伤人员上的坠物；当坠物较重时，应该利用塔吊等起重机械吊起坠物，切记不可盲目组织人手进行搬运，防止对受伤人员造成二次伤害。见图4-12。

图4-11　现场急救　　　　图4-12　塔吊吊泵管浇筑混凝土

（4）在进行上述操作的同时，拨打120急救电话，说清楚事故地点、时间、受伤程度和人数。并马上派人到工地的大门口等候120的到来，由引路者直接带到出事地点，避免延误时间。

4.3.3　机械伤害

1. 混凝土工的机械伤害主要有：搅拌机伤害、打磨机伤害、车辆伤害。

2. 处置措施

事故发生点周边的人员应首先停止机械的运行，若受伤不严重，应立即包扎伤口，并乘车去最近的医院接受治疗。若受伤严重，应立即拨打120急救电话，说清楚事故地点、时间、受伤程度和人数。并马上派人到工地的大门口等候120的到来，由引路者直接带到出事地点，避免延误时间。

若是被混凝土运输车和其他车辆伤害，应首先让司机将车辆停下，防止二次伤害。若是受伤人员被卷入车底，在拨打急救电话的同时，还应拨打消防救援电话，切记不可盲目操作，让专业的人员使用专业的设备进行救援。

4.3.4 触电

1. 说明

混凝土拌合和浇筑时，所使用的机械大多为用电机械。且由于现场情况复杂，电缆线易磨损，极易发生触电事故。见图4-13。

图4-13 触电事故

2. 采取的应急措施

脱离电源的处理触电急救的要点是动作迅速，救护得法。发现有人触电，首先要使触电者尽快脱离电源，然后根据具体情况，进行相应的救治。

脱离电源方法：

（1）如开关箱在附近，可立即拉下闸刀或拔掉插头，断开电源。

（2）如距离闸刀较远，应迅速用绝缘良好的电工钳或有干燥木柄的利器（刀、斧、锹等）砍断电线，或用干燥的木棒、竹竿、硬塑料管等物迅速将电线与触电者分离。见图4-14。

（3）对高压触电，应立即通知有关部门停电，或迅速拉下开关，或由有经验的人采取特殊措施切断电源。见图4-15。

发现有人触电，可用干燥的木棒将电线拨离开触电者

图4-14 触电急救方法

图4-15 切断电源

3. 急救方法

对症救治对于触电者，可按以下三种情况分别处理：

（1）对触电后神志清醒者，要有专人照顾、观察，情况稳定后，方可正常活动；对轻度昏迷或呼吸微弱者，可针刺或掐人中、十宣、涌泉等穴位，并送医院救治。

（2）对触电后无呼吸但心脏有跳动者，应立即采用口对口人工呼吸；对有呼吸但心脏停止跳动者，则应立刻进行胸外心脏按压法进行抢救。

（3）如触电者心跳和呼吸都已停止，则须同时采取人工呼吸和俯卧压背法、仰卧压胸法、心脏按压法等措施交替进行抢救。

1）口对口人工呼吸法

人工呼吸是行之有效的现场急救方法。施行人工呼吸时，首先要解开被救者的领口和胸部衣服。如果口腔内有烂泥、血块、痰液等，应立即取出；如果舌头后缩而阻碍呼吸，应拉出并用绷带固定于口腔外面，以保证呼吸道畅通。做人工呼吸时用力不要过猛，以防把肋骨压断。速度应保持每分钟15～19次，不要过快或过慢。

① 解开被救者衣服，取出其口中黏液及其他东西，使其平卧，头向后仰，鼻孔朝天。

② 救护者跪卧在其左侧或右侧，用一只手捏紧被救者的鼻孔，另一只手扒开其嘴巴。如果扒不开嘴巴，可用口对鼻吹气。

③ 救护者深吸一口气后，紧贴被救者的嘴吹气，使其胸部微微膨胀，吹气时间约 2s。

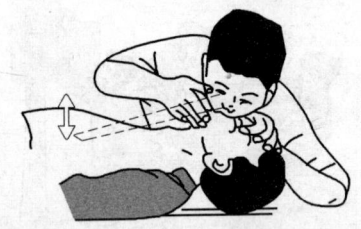

图 4-16 口对口人工呼吸法示意图

④ 吹气完毕，立即离开被救者的嘴，并吹气。放松其鼻孔，让其自行呼气，时间约 3s。上述步骤反复操作。见图 4-16。

2）俯卧压背法

被救者俯卧，头偏向一侧，一臂弯曲垫于头下。救护者两腿分开，跪跨于病人大腿两侧，两臂伸直，两手掌心放在病人背部。拇指靠近脊柱，四指向外紧贴肋骨，以身体重量压迫病人背部，然后身体向后，两手放松，使病人胸部自然扩张，空气进入肺部。按照上述方法重复操作，每分钟 16～20 次。见图 4-17。

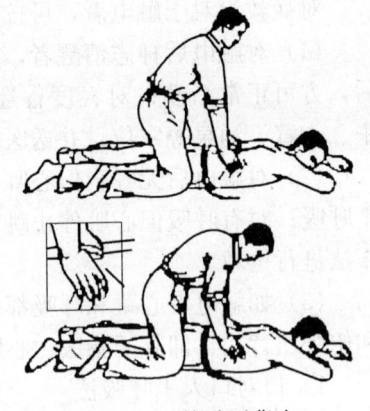

图 4-17 俯卧压背法

3）仰卧压胸法

被救者仰卧，背后放上一个枕垫，使胸部突出，两手伸直，头侧向一边。救护者两腿分开，跪跨在病人大腿上部两侧，面对病人头部，两手掌心压放在病人的胸部，大拇指向上，四指伸开，自然压迫病人胸部，肺中的空气被压出。然后把手放松，病人胸部依其弹性自然扩张，空气进入肺内。这样反复进行，每分钟 16～20 次。

4）胸外心脏按压法

触电者心跳停止时，必须立即用胸外心脏按压法进行抢救，具体方法如下：

① 将触电者衣服解开，使其仰卧在地板上，头向后仰，姿势与口对口人工呼吸法相同。

② 救护者跪跨在触电者的腰部两侧，两手相叠，手掌根部放在触电者心口窝上方，胸骨下1/3处。

③ 掌根用力垂直向下，向脊背方向挤压，对成人应压陷3～4cm，每秒钟挤压1次，每分钟挤压60次为宜。

④ 挤压后，掌根迅速全部放松，让触电者胸部自动复原，每次放松时掌根不必完全离开胸部。见图4-18。

4.3.5 架体坍塌

架体发生坍塌时，有人员被埋的可能，支撑架体连续下垮会

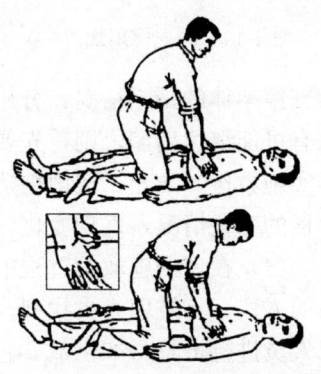

图4-18 胸外心脏按压法

造成更大伤亡，被埋人员有可能在抢救中被误伤，应避免抢险人员受到物体打击、互相误伤等。

（1）架体发生坍塌时，现场管理人员应组织班组长首先组织人员疏散，清点人员，确定有无人员失踪、受伤。如有施工人员被埋，在确保无二次坍塌的情况下立即组织有效的挖掘工作，并在第一时间向管理人员紧急报告，主要说明出事的地点、事故的大小、有无人员伤亡等。

（2）管理人员得知情况后，应协同项目医生赶往现场，指挥营救工作，并拨打120急救电话，以防不测。项目应急小组组长在未到达现场之前，应授权给现场的施工负责人全权指挥救援，避免耽误抢救时间。见图4-19和图4-20。

（3）在实施救援之前，现场施工负责人需保持头脑冷静，观

图 4-19　高支模坍塌（一）　　图 4-20　高支模坍塌（二）

察支撑架体的稳定情况，分析支撑架体是否有再坍塌的迹象，如果有可能继续坍塌，则首先要用机械排除松动的混凝土和钢管后再实施救援，防止二次坍塌造成的人员伤亡。并派专人时刻观察模板的变化情况，发现变化，马上向施工负责人报告。

（4）在现场施救的过程中，当坍塌面较小时，应采用人工清除的方法，将被埋人员找到。在寻找被掩埋者时一边协同项目医疗人员进行抢救（如供氧、包扎），找到的人员用担架将受伤人员抬出。如支撑架体大面积坍塌，则将架体不稳定的一侧挖除，形成一定宽度稳定的工作面，然后采用人工将被埋工人救出。对于大块沉重物体，应合理组织搬运，尤其是压在被埋人员身上的大块物体，必须组织好足够人力方可搬运，搬运前应明确分工，由专人负责将被埋人员移出。人员应分班组，按照工作面合理安排人力并及时轮换，保障抢救挖掘人员体力，保证在最短时间内将被埋人员抢救出来。见图4-21。

图 4-21　利用吊车将被埋
　　　　人员上部的重物吊起

(5) 被埋人员被救出以后，在专业医疗人员到达前由医生对受伤人员进行简单救助：争分夺秒抢救压埋者，使头部先露出，保证呼吸畅通，出来之后，呼吸停止者立即做人工呼吸。在实施人工呼吸前，先要将伤员迅速地搬到附近较安全又通风的地方，再将伤员领口解开，腰带放松，脱掉鞋子。口腔里若有尘土、血块、痰液、假牙等，应完全吸出或取出。然后进行正规心肺复苏；伤口止血且使用止血带，切忌对压伤进行热敷或按摩。

(6) 在现场施救过程中，如发现这位伤员有骨折现象，则利用木板、竹片和绳布等捆绑骨折处的上下关节，固定骨折部位，也可将其上肢固定身侧，下肢与下肢缚在一起；在医院救护车未来之前，利用现场的木板选配不少于4名身强力壮的救护组人员保持在同一水平面上将其始至救护车到达的地带。

(7) 伤员在经过项目医疗人员简单救护后，不管受伤轻重，均应用救护车或项目部车辆尽快送到最近医院做进一步的救护与治疗，听从医生意见是否进行留院观察。

(8) 紧急救援工作结束后，应划定危险区域，安排测量人员进行架体位移变形观测，并安排有经验的技术人员做好监控工作。如支撑面不稳定，应及时采取措施处理。

(9) 对坍塌段尚未进行有效处理之前，应划出警戒线或采取拦护措施，防止任何人员靠近危险区域。

4.3.6 火灾和窒息

冬期施工时，施工现场可能会采用暖棚施工法施工，此时需要在室内放置火炉。若操作不当可能会引发火灾或窒息。

1. 发生火灾的处置措施

在火情较小时，寻找最近的灭火器，将火扑灭。

在火情发展起来的开始阶段，应立刻使用现场的消防栓和消防水带将火扑灭。

在火灾已经成型，现场的灭火手段无法扑灭时。应立即拨打119报警电话。请求消防队前来扑灭火灾。

2. 发现窒息人员的急救措施

（1）对神志清醒者，首先转移至安全的通风处，要有专人照顾、观察，情况稳定后，方可正常活动；对轻度昏迷或呼吸微弱者，可针刺或掐人中、十宣、涌泉等穴位，并送医院救治。

（2）对窒息后无呼吸但心脏有跳动者，首先转移至安全的通风处，然后应立即采用口对口人工呼吸；对有呼吸但心脏停止跳动者，则应立刻进行胸外心脏按压法进行抢救。

（3）如心跳和呼吸都已停止，首先转移至安全的通风处，则须同时采取人工呼吸和俯卧压背法、仰卧压胸法、心脏按压法等措施交替进行抢救。

4.4 常用混凝土施工机械安全操作规程

4.4.1 磨光机安全操作规程

1. 使用前，应检查电线、插头、插座是否绝缘、完好。
2. 正确使用磨光机，注意检查磨块是否有缺损，松动现象。
3. 严禁用油手、湿手等从事磨光机工作，以免触电伤人。
4. 严禁在防火区域内使用，必要时，必须经安保部门批准方可。
5. 不准私自拆卸磨光机，注意日常维护、使用管理。
6. 磨光机电源线不得私自改接，磨光机电源线不得长于5m。
7. 磨光机防护罩破损、损坏不准使用。禁止拆掉防护罩打磨工件。
8. 定期进行绝缘摇测。
9. 使用后，由专人负责进行保管。

4.4.2 混凝土振捣器安全操作规程

1. 插入式振捣器电动机电源上应安装漏电保护器，熔断丝应符合要求，接地应有安全可靠的接地装置，未接地或接在不良者严禁使用。
2. 操作人员应掌握一般安全电知识，作业时应穿戴好胶鞋和以绝缘手套。

3. 振捣器停止使用时应立即关闭电动机，搬动振捣器时应切断电源，以确保安全。不得用软管和电缆线拖拉、拖动电动机。

4. 电缆线上下得有保护，电缆线必须放置在干燥、明亮处，不允许在电缆线上堆放物品，也不许在车辆上面直接通过，更不许用电缆线吊挂振捣器等物品。

5. 振捣器作业时，软管弯曲半径不得小于50cm，软管不得有断裂。

6. 振捣器启动时，必须由操作人员掌握，不得将启动振捣棒平放在钢板或水泥板等坚固硬物上，以免撞坏发生危险。

7. 严禁用振捣棒撬拔钢筋和模板或将振捣棒当大锤使用。

8. 用绳拉平板器时，拉绳应干燥绝缘，移动或转向时，不得用脚踢电动机，振捣器与平板应保持坚固。电源线必须固定在平板上，电器开关应装在手把上。

9. 在一个构件上同时使用几台附着振捣器工作时，所有振捣器的频率相同。

10. 作业后，必须断电。做好清洗、保养工作，振捣器要安放在干燥处。

4.4.3 混凝土搅拌机安全操作规程

1. 搅拌机安装就位、基础必须坚实，支架或支脚筒架稳固，不准以轮胎代替支撑。

2. 开搅拌机前应检查离合器、控制器、钢丝绳等性能良好，滚筒内不得有异物。

3. 进料斗升起时，严禁任何人在料斗下通过或停留，工作完毕应将料斗固定好。

4. 机械运转时，严禁将工具伸进滚筒内。

5. 严禁无证操作，严禁操作时擅自离开工作岗位。

6. 机械检修时，应固定好料斗，切断电源，进入滚筒检修时外面应有人监护。

7. 工作完毕后应清洗机械、清理机械周围，做好润滑保养，切断电源锁好箱门。

4.4.4　砂浆搅拌机安全操作规程

1. 作业前检查搅拌机的转动情况是否良好，安全装置，防护装置等均应牢固可靠，操作灵活。

2. 启动后先经空机运转，检查搅拌叶旋转方向是否正确，先加水后加料进行搅拌操作。

3. 机械运转中不得用手或木棒等伸进搅拌机筒内或在筒口清理灰浆。

4. 操作中如发生故障不能运转时，应先切断电源，将筒内灰浆倒出，进行检修，排除故障。

5. 作业完毕，做好搅拌机内外和周围清理工作，切断电源，锁好箱门。

4.4.5　混凝土输送泵安全操作规程

作业前的准备：

1. 电动机部分，按通用操作规程的有关规定执行。

2. 水泥混凝土混合料输送泵（以下简称"输送泵"）离施工工作面应尽可能近。施工现场应有方便、安全、可靠的动力源及气（压缩空气）源，且施工干扰小，环境安全。

3. 了解施工工作面及施工要求，所泵送的混凝土中的水泥品种、水泥用量、骨料级配、水灰比、坍落度等均应符合输送泵的要求。

4. 了解混凝土是否有添加剂。特别注意最大骨料粒径不得大于输送管直径的 1/3。

5. 检查电气设备是否完好，各种仪表是否正常。各部位操作开关、按钮、手柄等均应在正确位置。

6. 检查水箱水量，并观察有无油污或浑浊现象，必要时应将浑浊水放掉，重新注满干净水。

7. 检查液压油、润滑油油位；油质、油量，应符合说明书规定的要求。如果动力是发动机，还应检查其燃油、润滑油和冷却水量。

  8. 检查料斗内有无杂物、积渣。网格及搅拌叶片应完好。

  9. 检查阀箱内部各部位间隙，超限时应调整。检查各连接部位是否松动。

  10. 检查传动链条的松紧度，使之保持在规定的范围内，过紧或过松时应调整。

  11. 输送管道的布置要利用地形裁弯取直，尽量减少弯管数量。

  12. 各管道连接一定要严密。输送管道和输送泵都要支撑稳固，以减少振动。

  13. 为了应付可能发生的堵管或其他故障，要准备好各种检修及管道吹洗用具，并安排好相应的组织措施。

  14. 在下行斜坡输送时，根据倾斜角采取相应措施，防止混凝土自流导致堵泵和真空造成的气塞现象。

  15. 低于0℃时，输送管道应采取保温措施，防止结冻。清洗时，管道内的水应加入相应比例的防冻剂。气温高于30℃时，输送管道应用湿麻袋、湿草袋等遮盖，以延缓混凝土初凝时间。

  16. 按要求进行空运转。

  17. 向混凝土料斗加入一定量清水，以洗润料斗、分配阀及输送管道。

  18. 向料斗加入一定量的水泥浆，润滑整个输送管道，并观察输送管道有无渗漏现象。

  作业中的要求：

  1. 混凝土加入料斗以前，砂浆平面应保留在料斗搅拌轴线以上和混凝土一并泵送。泵送中，混凝土平面应维持在搅拌轴中心线以上，但不超过搅拌轴以上20cm的高度。供料跟不上时，要及时停泵。

  2. 随时注意各仪表、指示灯、电机及液压系统工作状况。观察水箱水消耗量及水质污染情况，发现问题及时检查处理。

3. 输送泵和管道发出不正常声响时,应及时检查处理。

4. 料斗网格上超规格料或其他杂物应及时清除。搅拌轴卡住不转或反向失灵时,要暂停泵送,及时采取措施排出。

5. 泵送过程应尽量连续进行,混凝土应保持匀质。

6. 临时停泵期间,应间隔 10~15min 作正反泵数次,以防管路内混凝土离析。当长时间停泵重新工作时,应先启动搅拌器,再开始泵送。

7. 不得随意向料斗加水,严禁泵送已停放 90min 以上的混凝土。发现堵塞等事故后,应及时检查处理。

8. 工作期间,严禁拆卸管道,不得把手伸入阀体操作,不得攀登或骑在输运管道上,不得高空作业。

9. 在输送泵工作中,要按说明书规定,对各润滑点进行润滑。

10. 当泵送工作接近完毕时,应预先估计剩余工作量和管道中混凝土体积,以便停止供料。

作业后的要求:

按以下顺序停机

1. 停止泵送,同时给蓄能器蓄压。

2. 关掉动力源。

3. 停泵后,立即清除料斗内和管道中的混凝土,清洗泵机、料斗、阀箱、管道等。在清洗时,人员要离开排料管口及弯管气接头处,以免发生事故。输送管体拆卸清洗后,应逐件检查是否完好。管段及卡箍等必须堆放整齐、不得乱扔。

4. 清洗泵机外部时,注意不要使水进入电气箱、电磁阀等部位。清洗后把电气箱、机罩外部的水擦干净。

4.5 泵管冲击对结构安全的影响

混凝土浇筑作业时,如果泵管没有固定好,会对结构造成破坏,尤其是浇筑层下面的那一层。泵管应按照图 4-22 所示的方式加固好,尤其是立杆必须上下顶住楼板。

图 4-22 泵管加固

4.6 混凝土施工事故案例

4.6.1 机械伤害事故案例

案例一

1. 事故概况

2002年4月24日,在某公司总包、广东某建筑公司清包的动力中心及主厂房工程工地上,动力中心厂房正在进行抹灰施工,现场使用一台JGZ350型混凝土搅拌机用来拌制抹灰砂浆。上午9时30分左右,由于从搅拌机出料口到动力中心厂房西北侧现场抹灰施工点约有200m的距离,两台翻斗车进行水平运输,加上抹灰工人较多,造成砂浆供应不上,工人在现场停工待料。身为抹灰工长的文某非常着急,到砂浆搅拌机边督促拌料。因文某本人安全意识不强,趁搅拌机操作工去备料而不在搅拌机旁的情况下,私自违章开启搅拌机,且在搅拌机运行过程中,将头伸进料口边查看搅拌机内的情况,被正在爬升的料斗夹到其头部后,人跌落在料斗下,料斗下落后又压在文某的胸部,造成头部大量出血。事故发生后,现场负责人立即将文某急送医院,经抢救无效，于当日上午 10 时左右死亡。见图 4-23。

2. 事故原因分析

(1) 直接原因

身为抹灰工长的文某，安全意识不强，在搅拌机操作工不在场的情况下，违章作业，

图 4-23 搅拌机伤人事故

擅自开启搅拌机，且在搅拌机运行过程中将头伸进料斗内，导致料斗夹到其头部，是造成本次事故的直接原因。

(2) 间接原因

① 总包单位项目部对施工现场的安全管理不严，施工过程中的安全检查督促不力。

② 清包单位对职工的安全教育不到位，安全技术交底未落到实处，导致抹灰工擅自开启搅拌机。

③ 施工现场劳动组织不合理，大量抹灰作业仅安排三名工人和一台搅拌机进行砂浆搅拌，造成抹灰工在现场停工待料。

④ 搅拌机操作工为备料而不在搅拌机旁，给无操作证人员违章作业创造条件。

⑤ 施工作业人员安全意识淡薄，缺乏施工现场的安全知识和自我保护意识。

(3) 主要原因

抹灰工长文某，违章作业，擅自操作搅拌机，是造成本次事故的主要原因。

3. 事故预防及控制措施

(1) 工程施工必须建立各级安全管理责任，施工现场各级管理人员和从业人员都应按照各自职责严格执行规章制度，杜绝违章作业的情况发生。

(2) 施工现场的安全教育和安全技术交底不能仅仅放在口头，而应落到实处，要让每个施工从业人员都知道施工现场的安全生产纪律和各自工种的安全操作规程。

（3）现场管理人员必须强化现场的安全检查力度，加强对施工危险源作业的监控，完善有关的安全防护设施。

（4）施工现场应合理组织劳动，根据现场实际工作量的情况配置和安排充足的人力和物力，保证施工的正常进行。

（5）施工作业人员也应进一步提高自我防范意识，明确自己的岗位和职责，不能擅自操作自己不熟悉或与自己工种无关的设备设施。

案例二

2008年4月22日合肥一建筑工地上混凝土输送管突然失去控制，"神龙摆尾"将三名工人扫倒在地，一名工人当场颅骨粉碎血流满面。该起事故时因为输送管内压强不足，混凝土输送不出来导致泵管失控。导致泵管来回摆动，将三名工人撞伤。

经检查，受伤较重的一名工人前额颅骨粉碎，眼部也被划开了一个口子。

案例三

2011年4月15日，在武汉八一路高架桥至东湖隧道出口路段，一台正在施工的混凝土泵车因司机违章操作导致泵车侧翻，泵车的长臂将正在作业的3名民工砸伤。

事故原因是该泵车浇灌完路面后，司机先将支撑泵车的4个支点脚收起，导致泵车失衡侧翻，3名民工躲闪不及被30多米长的泵臂砸中。见图4-24。

图4-24 事故现场

4.6.2 高支模坍塌事故案例

1. 事故概况

某花园10区商业街工程，于2003年6月24日上午9时30分开始浇筑屋面混凝土。浇筑采用梁、板、柱一次现浇的方式。下午1时30分，已浇筑混凝土120m³，此时高8.8m的高支模

图 4-25 高支模坍塌

支撑体系突然局部坍塌,造成支撑体系倾斜。现场18名作业人员中,工程师熊某被压在混凝土下,经抢救无效死亡,另有两名工人受轻伤。见图4-25。

2. 事故原因分析

(1) 直接原因

高支模支撑体系未按施工方案要求搭设,立杆间距过大,横杆步距过大,无剪刀撑,无扫地杆,脚手架与建筑物无连接,导致支撑体系失稳。

(2) 间接原因:

1) 施工企业安全管理体系不健全,对项目缺乏有效管理。

2) 项目安全管理制度不落实,高支模搭设未履行必要的验收手续。

3) 监理公司在高支模专项方案审批和验收方面监理不到位。

3. 事故教训

(1) 高支模支撑体系的搭设必须严格按照施工方案进行,严格控制立杆间距、横杆步距、剪刀撑、扫地杆,做好架体与建筑物的连接,保证支撑体系的稳定性。

(2) 高支模支撑体系搭设完毕必须履行验收手续,未经验收或验收不合格的,不准使用。

(3) 加强现场安全检查力度,及时发现隐患及时整改。

(4) 混凝土工在高支模处浇筑混凝土时,一定要派专人在架体附近看守。发现异响、架体震动较大或架体位移较大,必须立刻通知作业人员撤离。

4.6.3 坠物伤害事故案例

案例一

2015年10月7日,武汉古田桥汉阳一侧在建高架桥工地内,一辆正在浇筑混凝土的浇筑车,吊臂突然爆管,从十几米高处坠落，一名施工人员受伤，截至昨天下午5点，仍在医院抢救。见图4-26。

案例二

2013年3月12日凌晨1点左右，在合肥包河大道某工地，该工地正在利用塔吊吊住泵管来浇筑混凝土，突然间水泥泵管从塔吊上掉下，一名工人被砸身亡。

图4-26 事故现场照片

案例三

2013年8月31日晚，通巴中市江西门桥头一建筑工地上，塔吊上的钢丝绳突然断裂，系在钢丝绳上的泵管掉落，砸在一名女工人头上，致其身亡。

通江县安监局执法大队大队长张毅介绍，8月31日下午4点左右，由塔吊系着混凝土泵管开始浇筑混凝土。23时40分左右，塔吊上系泵管的钢丝绳突然断裂，泵管在下落的过程中直接砸在一名女工人的头上。伤者经医生现场抢救无效死亡。事发当时该工人正在进行混凝土浇筑作业。

4.6.4 触电事故案例

2015年7月，在一建筑工地，混凝土振捣棒手王某发现振捣棒开动后漏电开关动作，便要求电工把振捣棒电源线不经漏电开关接上电源。起初电工不肯，但在王某的多次要求下照办了。振捣棒再次启动后，王某拿起振捣棒作业后，触碰到电缆破损处时，即触电倒地，经抢救无效死亡。

1. 事故概况

操作工王某由于不懂电气安全知识，在电工劝阻的情况下仍要求将振捣棒电源线直接接到电源上，同时，在明知漏电的情况下用振捣棒违章作业，是造成事故的直接原因。

电工在王某的多次要求下违章接线，明知故犯，留下严重的事故隐患，是事故发生的重要原因。

2. 事故主要教训

(1) 必须让职工知道工作过程及工作范围内有哪些有害因素和危险，其危险程度及安全防护措施。王某认为漏电开关动作，影响了工作，但显然不懂得漏电会危及人身安全，不知道在漏电的情况下用钢筋挑动潜水泵会导致其丧命。

(2) 必须明确规定并落实特种作业人员的安全生产责任制，因为特种作业的危险因素多，危险程度大。本案电工虽有一定的安全知识，开始时不肯违章接线，但经不起同事的多次要求，明知故犯，违章作业，就是因为没有落实应有的安全责任。

(3) 应该建立事故隐患的报告和处理制度。漏电开关动作，表明事故隐患存在，操作人应该报告电工，而不应要求电工将电源线不经漏电开关接到电源上。电工知道漏电，就应检查原因，消除隐患，而不能贪图方便，随意处理。

3. 防范措施

(1) 同本案相似的违章操作很常见，如当保险丝烧断时用铜线代替、私自退出剩余电流动作保护器等。违章的种类很多，后果都很相似，常常导致重伤或者死亡事故。

(2) 仅仅通过完善操作规程和工作标准来规范职工的操作行为、来预防事故是不够的。因为操作行为受很多因素影响，所以必须树立安全第一的安全价值观念和预防为主的理念。如果工友们对安全的重要性认识不足，如果工友们不知道如何防止事故，再好的行为规范也只能是一纸空文。

4.6.5 火灾事故案例

1. 事故概述

2009年2月9日晚20时27分，北京市朝阳区东三环中央电视台新址园区在建的附属文化中心大楼工地发生火灾，熊熊大火在三个半小时之后得到有效控制，在救援过程中造成1名消防队员牺牲，6名消防队员和2名施工人员受伤。建筑物过火、过烟面积21333m^2，其中过火面积8490m^2，楼内十几层的中庭已经坍塌，位于楼内南侧演播大厅的数字机房被烧毁。造成直接经济损失16383万元。见图4-27和图4-28。

图4-27 正在燃烧的大楼工地　　图4-28 燃烧后的大楼工地

2. 事故原因分析

2009年2月9日是中国农历正月十五，是传统节日元宵节，人们有闹花灯、放焰火的习俗。根据北京市政府定，这一天也是今年春节期间五环区域内可以燃放烟花爆竹的最后一天。此前，北京已连续106天没有有效降水，空气干燥。

第5章 冬雨期施工

5.1 混凝土冬期施工要点

5.1.1 冬期施工期限划分原则

《建筑工程冬期施工规程》JGJ/T 104 中规定，根据当地多年气象资料统计，当室外日平均气温连续 5d 稳定低于 5℃时即进入冬期施工；当室外日平均气温连续 5d 高于 5℃时解除冬期施工。见表 5-1。

某地区 11 月 1 日～6 日温度记录　　　表 5-1

日期	11月1日	11月2日	11月3日	11月4日	11月5日	11月6日
平均温度	6℃	4℃	3℃	4℃	-2℃	-1℃

从表 5-1 可以看出 11 月 2 日～11 月 6 日连续 5 天温度低于 5℃，11 月 2 日即进入冬期施工。现场混凝土作业班组须立即实施冬期施工措施，并指定专门的工人密切观察天气温度，若是夜间低于 0℃，平均温度仍高于 5℃，现场也要采用措施。

5.1.2 冬期施工起止时间

根据全国各地气象观测站 1951 年～2008 年的气象资料统计，全国部分城市室外旬平均气温稳定低于 5℃的起止日期见表 5-2。班组长可根据往年的气象资料，查询可知当地进入冬期施工的参考时间，提前安排冬期施工的各项准备工作。

全国部分城市室外旬平均气温稳定低于 5℃的起止日期

表 5-2

序号	城市	起止时间
1	北京	11月中旬～3月上旬
2	哈尔滨	10月中旬～4月上旬
3	牡丹江	10月中旬～4月上旬

续表

序号	城市	起止时间
4	海伦	10月中旬~4月上旬
5	鸡西	10月中旬~4月上旬
6	嫩江	10月中旬~4月上旬
7	沈阳	11月上旬~3月下旬
8	大连	11月上旬~3月中旬
9	丹东	11月上旬~3月下旬
10	锦州	11月上旬~3月下旬
11	朝阳	11月上旬~3月下旬
12	营口	11月上旬~3月下旬
13	本溪	11月上旬~3月下旬
14	银川	11月上旬~3月上旬
15	盐池	11月上旬~3月中旬
16	拉萨	11月上旬~3月上旬
17	昌都	11月上旬~3月中旬
18	那曲	9月上旬~4月中旬
19	长春	11月上旬~4月上旬
20	延吉	10月上旬~4月上旬
21	延安	11月中旬~3月上旬
22	四平	11月上旬~3月下旬
23	临江	11月下旬~4月上旬
24	上海	1月中旬~2月上旬
25	郑州	12月上旬~2月下旬
26	安阳	11月下旬~2月下旬
27	武汉	12月下旬~1月下旬
28	呼和浩特	10月下旬~3月下旬
29	海拉尔	10月上旬~4月上旬
30	锡林浩特	10月中旬~4月上旬

续表

序号	城市	起止时间
31	二连浩特	10月下旬~4月上旬
32	通辽	10月下旬~3月下旬
33	长治	11月上旬~3月中旬
34	运城	11月中旬~2月下旬
35	天津	11月下旬~3月上旬
36	石家庄	11月下旬~2月下旬
37	包头	11月中旬~2月下旬
38	承德	11月上旬~3月中旬
39	西安	11月下旬~2月下旬
40	榆林	11月上旬~3月中旬
41	汉中	12月上旬~2月上旬
42	济南	12月中旬~2月下旬
43	潍坊	11月下旬~3月上旬
44	青岛	12月上旬~3月上旬
45	威海	12月上旬~3月下旬
46	菏泽	12月上旬~2月中旬
47	曲阜	11月下旬~2月下旬
48	西宁	10月下旬~3月下旬
49	格尔木	10月中旬~4月中旬
50	贵南	10月中旬~4月中旬
51	玉树	10月中旬~4月上旬
52	敦煌	11月上旬~3月中旬
53	酒泉	10月中旬~3月下旬
54	武都	12月中旬~2月上旬
55	天水	11月下旬~2月下旬
56	乌鲁木齐	11月上旬~3月下旬
57	吐鲁番	11月中旬~2月下旬

续表

序号	城市	起止时间
58	哈密	11月中旬~2月下旬
59	伊宁	11月上旬~3月中旬
60	徐州	12月中旬~2月下旬
61	赣榆	12月上旬~3月上旬
62	蚌埠	12月中旬~3月上旬
63	安庆	1月上旬~2月上旬
64	甘孜	10月下旬~3月下旬
65	理塘	10月中旬~4月中旬

5.1.3 冬期施工准备工作

1. 组织准备

设立室外气温观测点，班组长指定一名工人为冬期测温人员，在进入规定冬期施工之前15d开始进行大气测温，及时收集气象预报情况，防止混凝土浇筑时，寒流突然袭击。根据建设工程项目的施工总进度计划要求，确定建设工程要进行的冬期施工部位和分部分项工程。见图5-1。

2. 技术准备

在进入冬期施工前，混凝土班组接受由项目部组织

图5-1 室外测温点

的冬期施工技术交底。根据工程特点及气候条件做好冬期施工混凝土配合比的技术复核以及混凝土施工的作业安全。见图5-2。

3. 现场准备

劳务班组长在混凝土浇筑前认真查看施工部署、开关箱位置，并逐项交代给工人，做好防风保暖措施，采用防风彩条布与临边防护架绑扎固定。现场若生小火炉，必须有灭火器，灭火器

每100m² 布置不少于一个，且每个场所灭火器数量不得少于两个。见图5-3。

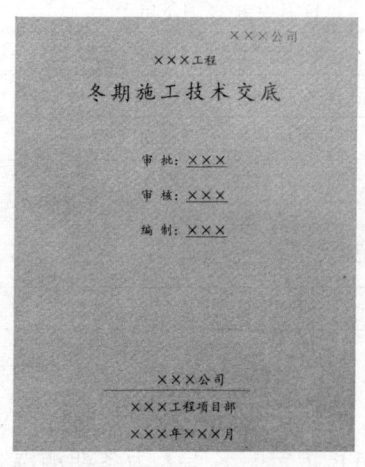

图5-2 冬期施工技术交底

图5-3 彩条布防风措施

4. 资源准备

冬期施工中，班组长应根据实际情况，选择适当的保温材料，如塑料布、彩条布、棉被等。柴油泵、汽车泵要做好防冻措施，水箱内添加防冻剂。施工班组在混凝土浇筑过程中，泵管上可缠绕电热毯加热，楼层内设置火炉增温。见图5-4。

5. 安全与防火

班组长对供电线路做好检查，防止触电事故发生。工人在大风雪后及时检查脚手架，雪后必须将架子上的积雪清扫干净，并检查马道平台，防止空中坠落事故发生。工人在操作时禁止用塔吊吊着泵管浇筑混凝土，防止塔吊

图5-4 楼层内设置火炉

倾覆。

施工现场应配备足够的消防器材，班组长每周对消防器材进行检查更新。见图5-5。

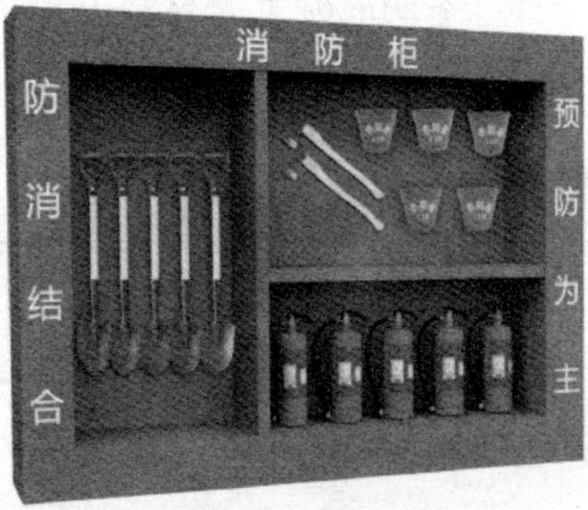

5.1.4 混凝土原材、搅拌、运输及浇筑控制

1. 混凝土的材料要求

（1）水泥入库时，班组长应告知工人对粗骨料采取覆盖或遮棚，避免裸露。见图5-6。

图5-5 消防柜

（2）当夜间出现零下时，浇筑混凝土梁板时需要添加防冻剂，避免混凝土初凝时梁板强度上不来。墙柱混凝土因竖向晚拆模，体积大，水化热大，当全天在0℃以下时，添加防冻剂。大体积混凝土因水化热大，可不添加防冻剂。见图5-7。

图5-6 粗骨料仓库

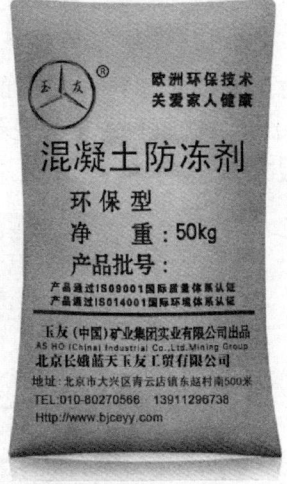

图5-7 混凝土防冻剂

2. 混凝土的搅拌

（1）混凝土原材料的加热

87

1) 冬期混凝土原材料一般需要加热，加热时优先采用加热水的方法。根据《建筑工程冬期施工规程》JGJ/T 104，拌合水及骨料加热最高温度见表5-3。

拌合水及骨料加热最高温度　　　　表5-3

序号	水泥强度等级	拌合水(℃)	骨料(℃)
1	小于42.5	80	60
2	42.5、42.5R及以上	60	40

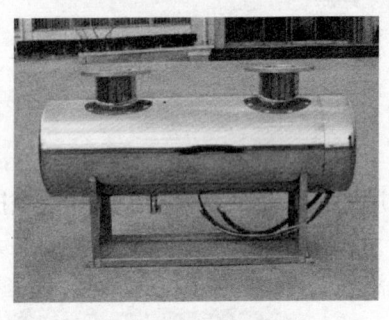

图5-8　电加热器

2) 加热方法

① 工人在操作时应注意，水泥不得直接加热，使用前宜运入暖棚内存放。

② 水加热宜采用蒸汽加热、电加热或者汽水加热等方法。见图5-8～图5-10。

(2) 投料程序

工人在投料过程中需注意：先投入骨料和加热的水，待搅拌一定时间后，水温降到40℃左右，再投入水泥继续搅拌到规定时间，要避免水泥假凝。

图5-9　蒸汽加热器

搅拌掺用防冻剂的混凝土，当防冻剂为粉剂时，可按要求掺量直接撒在水泥上面和水泥同时投入；当投入防冻剂为液体时，应先配制成规定浓度的溶液，然后再根据使用要求，用规定浓度溶液配制成施工溶液。各溶液应分别置于明显标志的容器内，不得混淆，每班使用的外加剂溶液应一次配成。见图 5-11。

图 5-10 汽水加热器

图 5-11 粉状防冻剂

（3）混凝土搅拌

混凝土搅拌的最短时间见表 5-4。为满足各组成材料间的热平衡，工人在冬期搅拌混凝土时，相对于"混凝土搅拌的最短时间表"的时间可适当延长。采用自落式搅拌机时，应对表中搅拌时间延长 30~60s；采用预制混凝土时，应较常温下预拌制混凝土搅拌时间延长 15~30s。

混凝土搅拌的最短时间　　　　　　　表 5-4

混凝土坍落度(mm)	搅拌机容积(L)	混凝土搅拌最短时间(s)
≤80	＜250	90
	250~500	135
	＞500	180
＞80	＜250	90
	250~500	90
	＞500	135

3. 混凝土的运输及浇筑

在运输过程中，运输员要注意防止混凝土热量散失、表面冻结、混凝土离析、水泥浆流失、坍落度变化等现象。混凝土浇筑时入模温度除和拌合物的出机温度有关外，主要取决于运输过程中的蓄热程度。因此，运输速度要快，距离要短，倒运次数要少，保温效果要好。

图5-12 冻胀性地基土

混凝土运输及注意事项：

（1）冬期不得在强冻胀性地基上浇筑混凝土，在弱冻胀性地基上浇筑时，应安排工人对基土进行保温覆盖，以免遭冻。见图5-12。

（2）混凝土在浇筑前，作业班组应清除模板和钢筋上的冰雪和污垢。混凝土浇筑前班组长安排工人采用热风机清除冰雪和对钢筋、模板进行预热。墙柱内难清理位置，必须拆模清理。见图5-13。

（3）运输和浇筑混凝土用的容器应有保温措施，包裹保温棉布。见图5-14。

（4）混凝土拌合物入模浇筑，必须经过工人认真振捣，使其内部密实，木模板更适合混凝土的冬期施工。由于钢模板传热

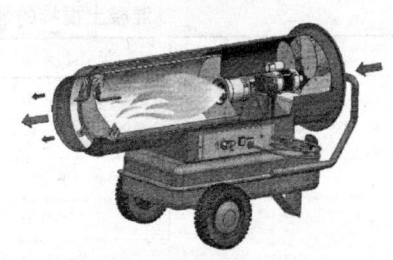

图5-13 热风机

系数快，在冬期施工时要覆盖保温，班组长应安排工人在钢模上粘贴保温板。见图5-15。

图5-14 罐车保温被包裹

图5-15 钢模板保温

（5）浇筑基础大体积混凝土时，班组长在施工前应安排工人对地基进行保温以防止冻胀。新拌混凝土的入模温度以7～12℃为宜。混凝土内部温度与表面温度之差不得超过25℃，必要时应做保温覆盖或者预留土层覆盖。分层浇筑厚的整体式结

图5-16 地基保温覆盖

构混凝土时，已浇筑层的混凝土温度未被上一层混凝土覆盖前不得低于20℃。见图5-16。

5.1.5 几种常用的混凝土冬期施工方法

1. 蓄热法和综合蓄热法养护

适用范围：当室外最低温度不低于－15℃时，地面以下的工程，宜采用蓄热法养护。当室外最低温度低于－15℃时，宜采用综合蓄热法养护。综合蓄热法养护时，班组长要求工人保证各块

保温棉及防风棉被的搭接宽度大于5cm，见图5-17和图5-18。

图5-17 覆盖保温棉养护

图5-18 覆盖保温棉及防风棉被养护

2. 暖棚法养护

适用范围：暖棚法使用适用于地下结构工程和混凝土量比较集中的结构工程。暖棚通常以脚手架材料为骨架，用塑料薄膜或帆布围护。

当采用暖棚法施工时，棚内各测温点温度不得低于5℃，班组长指定专门的工人监测混凝土及棚内温度。暖棚内检测点应选择具有代表性的位置进行布置，在离地面500mm高处必须设点，每昼夜测温不少于4次。见图5-19。

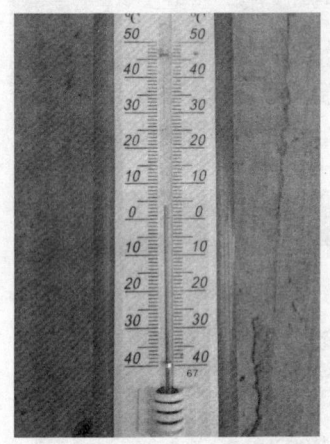

图5-19 室内温度监测

班组长应在暖棚的出入口安排专门的工人管理，并应采取防止棚内温度下降或引起风口处混凝土受冻的措施，在混凝土养护期间应将烟或燃烧气体排至棚外，在施工过程中，班组长应对工人进行安全交底，防止烟气中毒或发生火灾。见图5-20和图5-21。

3. 掺外加剂法

掺外加剂法使用范围：

掺外加剂混凝土冬期施工主要包括低温早强混凝土、掺防冻剂的负温混凝土等，主要用于冬期不易保温的框架结构、高层建筑结构、一般梁、板、柱结构，以及地下结构或大面积的板式基础结构。当最低温度不低于－5℃时，可采用早强剂或早强减水剂；当最低温度不低于－20℃时，应采用防冻剂进行混凝土施工；若最低气温低于－20℃时，宜采用加热养护方法进行混凝土冬期施工。

图 5-20　火炉加热

图 5-21　棚内混凝土浇筑

5.2　混凝土雨期施工要点

5.2.1　施工准备

1. 概念

雨期施工，通常在下雨较多的时节，但只要在下雨天浇筑混凝土，作业班组都必须按照雨期施工措施执行，保证现场施工质量和安全，使工程施工顺利进行。

2. 施工准备

雨期施工主要解决雨水对混凝土收面的影响，施工班组长应安排专门的工人提前了解天气预报,避免在大雨天浇筑。坚持"小雨不停工,中雨不放松,大雨不施工"的原则。

5.2.2 注意事项

1. 雨期搅拌混凝土要严格控制用水,应随时测定砂、石的含水率,及时调整混凝土配合比,严格控制水灰比和坍落度。班组长应组织工人将材料用防雨篷布覆盖。见图5-22。

2. 雨天浇筑混凝土应适当减小坍落度,必要时可将混凝土强度等级提高半级或一级。雨天时,班组长应根据雨势情况对现场施工进行调整,小雨时告知工人及时

图5-22 原材料覆盖

收面采取薄膜覆盖,中雨时告知工人搭设彩条布遮盖棚,避免雨水冲刷泥浆,大雨时告知工人停止浇筑,并按照要求设置施工缝。见图5-23。

3. 底板大体积混凝土施工应避免在雨天进行。如遇到突然大雨或暴雨,不能浇筑混凝土时,班组长根据项目部要求将施工缝设置在合理位置,并安排工人将已浇筑的混凝土用塑料薄膜覆盖。见图5-24。

图5-23 彩条布遮盖棚　　　　图5-24 施工缝留置

4. 雨后班组长应组织工人将模板表面淤泥,积水及钢筋上

的淤泥清除掉，施工前工人应检查板、墙模板内是否有积水，若有积水应清理后再浇筑混凝土。见图5-25。

5. 混凝土中掺加的粉煤灰应注意防雨、防潮。

5.2.3 防雷

1. 塔吊避雷接地设置

接地极宜选用角钢，其规格为40mm×40mm×4mm

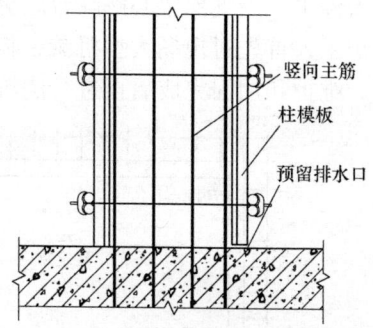

图5-25 墙柱根部预留排水口

及以上，垂直接地极的长度为2.5m，接地极之间的连接通过规格40mm×4mm的扁钢焊接。工人在埋设接地时应注意：接地极间距为5m，顶端埋入地下0.8m以下。见图5-26。

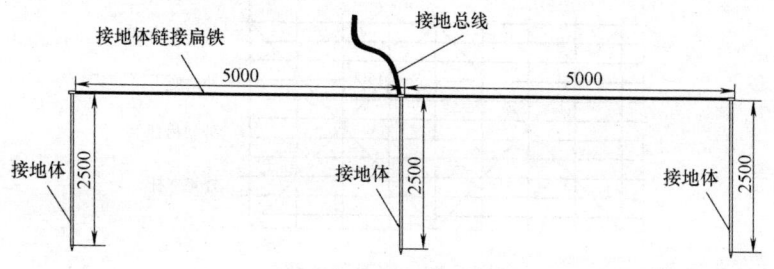

图5-26 塔吊避雷接地

2. 外架避雷设置

当塔吊早于外架拆除时，为保证建筑安全，需在外架上采取避雷措施。在建筑物四角的门、窗、栏杆预理防侧雷击的连接件，与脚手架外层立杆采用Φ12mm的镀锌圆钢焊接。避雷针采用Φ12镀锌钢筋制作，高度1.5m，设置在脚手架四角立杆上，并将所有最上层的大横杆全部连通，形成避雷网络。见图5-27～图5-29。

5.2.4 防台风

在接到气象台发布的台风预警后，班组长立即通知现场作业工人停工。当气象中心解除台风警报后，混凝土浇筑前班组长应组织工人首先对现场大型机械、临水临电、脚手架等进行全面检查，维护和加固完成后再进行浇筑。

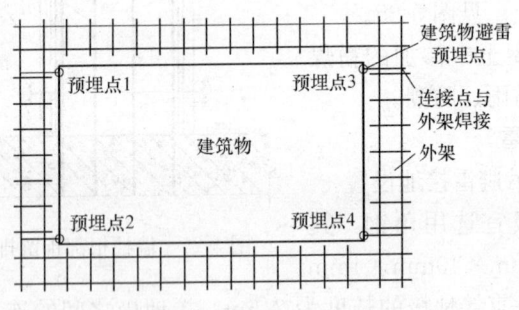

图 5-27 避雷点平面布置图

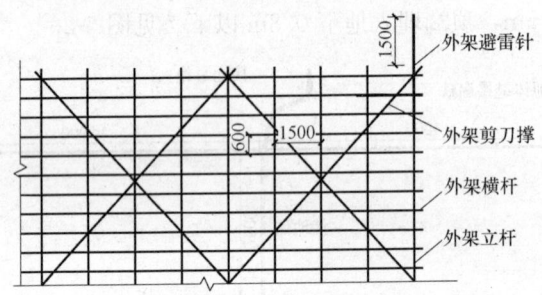

图 5-28 外架避雷针

图 5-29 外架避雷点示意图